パブリックライフ

人とまちが育つ共同住宅・飲食店・公園・ストリート

青木純・馬場未織

学芸出版社

青豆ハウス

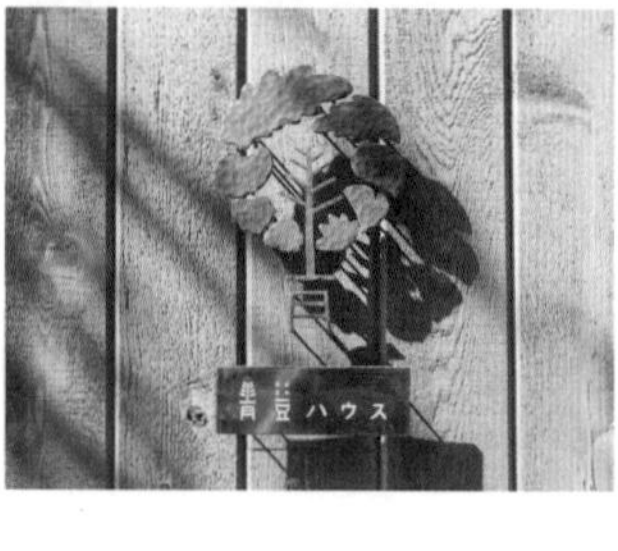

東京・練馬に2014年竣工。8世帯の家族が暮らす、育つ賃貸住宅がコンセプトの共同住宅。目の前に広がる菜園を耕す農のある暮らしを住人たちが楽しんでいる。

青豆祭

住人たちが手作りで開催している年に一度の夏祭り。ネイバーフッドのつながりが育っている。

青豆ハウスの日常

青《あお》豆《まめ》ハウス

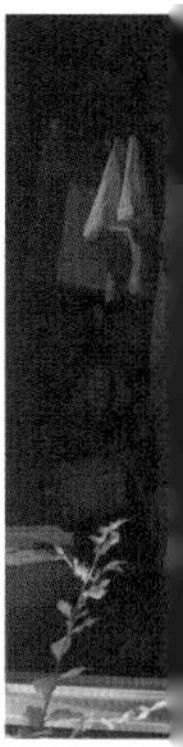

日常を共創するから、楽しいことも、辛い状況も分かちあい乗り越えられる。「無理せず 気負わず 楽しもう」の家訓の通り、身の丈で支えあう暮らしが進化して育まれ続けている。

青豆ハウスの住人

2019年当時の青豆ハウス、
8世帯がいきいきと暮らす。

青木家

2019年当時の青木家、
家族３人、猫４匹との暮らし。

高円寺アパートメント

東京・高円寺に2017年リノベーションで誕生した、女将がいる50戸の団地型コミュニティ。住人たちが自由に主体的に関わり、これからの時代に合った暮らしの自治を育てている。

都電テーブル

東京・都電荒川線の早稲田・雑司が谷・東尾久三丁目の電停のそばで展開する「まちのもうひとつの食卓」。地域住民の健康を支え、日常に必要とされる存在に。

南池袋公園

2016年のリニューアル以降、ルールより
マナーを大切に、理想の日常を育んできた
まちなかのリビング。パークウェディング
や音楽演奏など日常が劇場になる瞬間も。

池袋リビングループ

2017年から池袋駅東口のグリーン大通りをメイン舞台に開催している定期マルシェやストリートキオスクを軸に、「まちなかリビングのある日常」を地元企業が共創している。人とまちが育つ池袋の新しいカルチャーとして定着し始めている。

はじめに

よい湯加減でありたい。パブリックの中で意識していることを一つ聞かれたら、そう答えるだろう。僕の仕事は人と向きあう仕事だ。正直、エネルギーを使う。たくさんの人に会った後は放電状態になり、無口になってしまうこともしばしば。もともとたくさんの人と接するのが得意ではない。厄介なことに、性格もなかなかネガティブだ。家族にはいつも、なぜそんなネガティブなのかと心配される。気分が乗らない時は本当に自分でも心配になるくらいダメだ。変わりたい。できることなら、いつだってポジティブでいたい。

変わることをあきらめてはいないけれど、48年も生きてきたのでダメな自分も受け入れることにした。開き直るわけではないけれど、捉え方を変えてみる。そんな人が関わる、そんな人だからできるパブリックがあっても悪くはないかなと思うようにした。ネガティブな影があるから、気づける影もある。冷たすぎても熱すぎてもダメだ。寄り添うことで適温になる人もいるし、熱すぎると人は離れていく。よい湯加減だから、ありのままリラックスして居続けられるパブリック。自分もそこに居続けられるパブリックを、２０１１年から13年間耕し続けてきた。共同住宅に始まり、飲食店、学校、公園、ストリート。さまざまなパブリックに関わってこられたのは、一緒に湯加減を整えてくれた関係者、家族、スタッフ、仲間たちの存在が大きい。こんなに大変なのに、なぜやめないのかと聞かれることもある。彼ら彼女らの存在があるからやめないのだと思う。本書を通して、僕のパブリックライフに関わってくれた皆さんの想いや取り組みが多くの人に届くことを願う。

なぜパブリックが必要なのか。国立社会保障・人口問題研究所によると、世帯主65歳以上の世帯における単独世帯の割合は、2040年には全都道府県で30%以上になり、15都道府県では40%超となる。[*1] 孤独と背中合わせとなる、おひとりさま社会の到来だ。僕は65歳になる。そこまで生きられるかわからないし、妻には僕より長生きしてほしいけれど、孤立して孤独に暮らしてほしくない。暮らしのすぐそばに顔の見えるパブリックがあって、挨拶や何気ない会話ができて、誰かに頼れる、頼られる関係があってほしい。

高齢者だけではない。国連児童基金（ユニセフ）によると、38カ国のOECD／EU諸国の中で日本の子供たちの身体的健康は1位なのに精神的幸福度はワースト2位の37位だった。[*2] 文部科学省によれば、小・中学校における長期欠席者のうち不登校児童生徒数は10年連続で増加し、2022年に過去最多となった。[*3] また厚生労働省によれば、小中高生の自殺者数は2022年に過去最多となり、[*4] 先進国（G7）の中で10~19歳の死因の1位が自殺であるのは日本だけである。[*5] なんとも悲しくなる現状ではあるが、高齢者も若者も自分が依存できるパブリックの選択肢があれば、こうした状況を少しでも改善できるのではないだろうか。

依存と自立は一見相反する言葉のように聞こえるけれど、依存先がたくさんあるから自立していられるんじゃないかと思う。家や飲食店、公園やストリートにいつだって会いに行ける、頼れる存在＝よい湯加減のパブリックがあれば、もっとしあわせに暮らせるのではないか。

これまで「育む」という言葉を使ってきたが、最近は「耕す」に変えた。人もまちも勝手に育つものだし、育めるなんて思うのはおこがましいけれど、耕すことはできる。はじめからうまくいくことなんてそうそうない。耕した経験が次の糧になるし、耕し続けたら文化として根づくこともある。もともと「耕す」を意味する「Cultivate」と「文化」を意味する「Culture」は語源が一緒だ。この本はさまざまな場を耕してきた僕の記録だ。ありのままを綴り、なるべく多くの人に届くように客観的に伝えるように構成した。

今も未来もしあわせにごきげんに暮らしていきたい。暮らしを耕していくことが文化となり未来に豊かさをもたらしてくれる。だから今日も、全国各地に耕しに行ってくる。この本を手にとってくれたあなたが、パブリックの耕し手になってくれたらこのうえなく嬉しい。

青木純

＊1　国立社会保障・人口問題研究所「日本の世帯数の将来設計（推計）」2019年4月
＊2　国連児童基金「イノチェンティ レポートカード16　子どもたちに影響する世界：先進国の子どもの幸福度を形作るものは何か」2020年9月
＊3　文部科学省「令和4年度児童生徒の問題行動・不登校等生徒指導上の諸課題に関する調査結果」2023年10月
＊4　厚生労働省「こどもの自殺対策の推進のために」2023年9月
＊5　厚生労働省「令和5年版自殺対策白書」2024年1月

目次

3章 飲食店をひらく ——都電テーブル

1章

大家という仕事をひらく

高円寺アパートメント、大家の学校

1 家と人の関係を変えるために大家業へ飛び込む

大家という家業を継ぐ決断

僕は、大家を家業とする家で育った。実家は自社が経営していたとても大きな賃貸住宅だった。祖父が創業した会社を、祖父と父の兄、そして父の3人で経営していた。もともと洋食屋のオーナーシェフだった父が家業の経営に関わるようになったが、商売上手とは言えない父は、責任の重いこの仕事を卒なくこなしながらもどこかあえいでいるようだった。そんな父の姿を見て、母親は再三僕にSOSを発していたが、僕は当時、不動産情報サービス事業を手掛ける会社に勤務し、毎日やりがいを感じながら働いていたので、家業のことまで背負うのはちょっと勘弁してほしいという気持ちだった。

2006年、突然僕のもとに伯父から手紙が届いた。手紙には「そろそろ、次の世代に引き継ぎたい。後継者になりたい人は挙手してください。皆さんには平等に手紙を出しています」

と書かれていた。伯父がこの手紙を出した相手は、伯父の娘3人と、僕の兄貴と僕。僕は、今いる会社の仕事の延長上に自分の未来を描いていた。だいたい、次男だ。長男である兄貴がまずそれなりの返事をするだろうと思っていた。

ほどなく届いた兄貴からの手紙には、「自分はできません」と書かれていた。そうなのか。つまり、家業の存続は僕の判断にかかっているということか。しかし、この時は「はい、自分がやります！」と挙手できるような心境ではなかった。ただなぜか「自分もできません」と表明して、この件について自分で幕引きしてしまう気にもなれなかった。

しばらくじっと考えた挙句、引き受けるしかない、と決意した僕は、その旨を綴った手紙を伯父に送り返した。伯父は、僕が継ぐと決めたことを心から喜んでくれた。

その1年後、31歳の僕は取締役になり、ほどなく伯父は亡くなった。自分の寿命が見えていたなかで、伯父は最後の想いを託して次世代に手紙を書いたのだろうか。同じ年に、創業者の祖父も亡くなった。僕は、彼らの遺志を継ぐことになった。消極的とはいえ、結果的にこれは人生の大きな決断になった。

人と不動産の複雑で重たい関係

そもそも僕は不動産があまり好きではなかった。不動産の売買は金額が大きすぎるし、人の人生を左右するような重たさがある。骨身に沁みてそう思うようになったのは、不動産仲介会社に勤務していた頃の経験によるところが大きい。大学を卒業した1998年の春、僕は財閥系の不動産仲介会社に就職した。配属されたのは上野支店。ここで、いくつかの洗礼を受けることになる。

入社直後に初めて取引を担当した相手は、定年をとうに過ぎた独身の男性だった。何十年も鶯谷に住んでいたが、「いよいよ終の棲家となるような新築の家を手に入れたい」と相談された。ブルーカラーの仕事を続けながら、こつこつと貯めてきたお金があるという。そもそも、うちの会社は中古物件の仲介に特化していて新築物件を扱いづらい。そのことを彼は知らなかったし、僕もそれをあえて伝えなかった。そして脳裏には、荒川区内に20戸ほどあった売れ残りのような物件が浮かんでいた。彼のありったけの貯金である4000万円と、その物件の価格が、ぴたりと符合したからだ。情報を提供すると、彼は喜んだ。「孫みたいな歳のあんたが、一生懸命提案してくれたからね。こうして自分のことを本気で考えてくれたのは、あんただけだからね」と。そして彼は、この物件を購入した。

会社の先輩たちからは、どうにも売れなかった物件を新人の僕が体よく捌いた手腕に対して

「よく決めさせたな」と賞賛された。同時に、「あんなところをよく勧めたよな、ありゃないよな」とも言われた。僕の心はざわついた。彼が働いて働いて稼いできた何十年分もの人生を、一瞬で「奪ってしまった」気がした。自分で勧めておきながら、そして彼も納得してこの物件を購入したにもかかわらず、罪悪感にも近い感情が僕の中で燻ぶりだした。そして、彼の人生を背負ったような重たさが腹の底に残った。家を買うということの重大さを肌身で感じたのは、この時が初めてだった。

その後も僕はハードな仕事を次々とこなしていった。ローン返済のための任意売却物件や、競売にかかる一歩手前の物件、あるいは破産者が現地にまだ居住中の物件などを扱うことも少なくなかった。そんな時は寝つきが悪くなり、うなされる夜もあった。こうした厳しい取引を担当し続けていると、だんだん心が蝕まれていく。連帯保証人として負債を負わされた人が途方に暮れて泣きだした時には、かける言葉が見つからなかった。人を守るべき家が、人を押し潰している。

そんな重たさを日々感じていた入社2年目の僕は、放心状態で山手線に乗り、立ちあがることができずに何周も乗り続けることもあった。やり場のない感情を押し潰し続けていたことで、自分の心の所在がわからなくなっていたのだと思う。

不動産仲介の仕事では、不遇な家もたくさん見てきた。庭付きの古民家を解体して土地を切り刻み、坪単価を上げて売るという手法は珍しくなかったからだ。はじめのうちは、それが利益を上げる最もうまい方法だと思ったこともあったが、件数を重ねていくうちに毒が回ってきた。「あんなに素敵な家を、なぜ壊すんだろう」。仕事で麻痺していた感覚がふとまともな状態に戻る瞬間ほど、精神的にきつい時はない。やる気が湧かず、数字も伸びず、仕事をさぼる癖がつき、僕はとうとう飛ばされてしまった。

金融商品としての住宅取引への疑問

次に配属されたのは、千葉県の柏支店だった。2000年のことだ。これまで借地権付建物や扱いの難しい商業ビル、破産物件などばかり扱ってきた僕は、柏での仕事に軽いカルチャーショックを受けた。柏は、エリートサラリーマンが多く住むベッドタウンで、きれいな分譲地が広がり、住宅メーカーのCMのようなマイホームがきれいに売り買いされる土地柄だった。「この家を売りたいの」と言ってくる上品な民生委員のおばあちゃんに対応しながら、地域によって扱う物件の質、仕事の質がまるで違うことを知った。

この事業所は人員が少なく、戦力としてどんどん仕事を任された。責任感がやる気につながり、結果が出るようになり、上司にもかわいがられた。そんなスパイラルで調子が一気に上がって、売上げが突然ぽーんと伸びた。

この頃、僕はおそらく、出世して調子に乗っていたと思う。分譲会社の広大な土地の売却といった大きな仕事を手がけ、成功を重ねていった。自分の思うように仕事を進められる環境を味方につけ、スキルも身につけ、課せられるノルマをこなすことにもすっかり慣れ、営業という仕事が天職であるかのようにストレスなく仕事に邁進していた。

そんな日々がどれくらい続いただろう。そのうち、僕の中に、小さな違和感が、ぷつ、ぷつ、と湧き始めた。確かに仕事は順調だ。でも、〝数をこなす〟ということは、〝相対する人との関係を雑にしている〟のとほとんど同義だという事実が、次第に無視できなくなってきたのだ。土地と関わりのある人が持つ物語をねじ伏せ、少しでも安く仕入れ業者に買ってもらい、高く売る。すると、「仕事のできるヤツだ」と評価される。本当にそれでいいのだろうか、と自問するようになった。不動産の仲介とは、売買する人の暮らしや人生に深く関わる仕事でもあるはずだ。それなのに、いつの間にか「金融商品として切り取り、世の中に回していく」という考え方に慣れきっていた。そんな自分を客観的に見つめるたびに、毒が回り、神経が疲れきっていくのを感じた。

同時に、しみじみと気づいたことがある。それは、「思いのこもった家」というのはいいものだ、ということ。きちんと住人に愛着を持って使われてきた家には、長く大事に受け継いでいきたいと思わせる力がある。一方、金融商品として建てられた家は、誰にも痛みを感じられずに壊されていくことが多い。「思いのこもった家」に関わる仕事がしたい、と心のどこかで思うものの、それをしていたら今の自分に課せられたノルマはこなせない。当時の僕は、そのもどかしさを胸の底にしまいこんで、ただひたすら仕事をする日々に身を任せていくことしかできなかった。

2003年に本社に配属されたきっかけは、インターネットの物件情報提供サイトの立ち上げ事業に関わることになったからだ。柏支店に在籍中からインターネットと不動産仲介の融合が進み始めていた流れで自社物件の紹介サイトをつくることになり、ネット営業推進という新企画が立ちあがったわけだ。それはちょうど楽天市場が不動産仲介を始めた頃でもあった。本社としては、現場の営業マンで働きの目立つ人を引き入れてこの事業にテコ入れしたいという思惑があったのだろう。僕は参加募集に手を挙げ、抜擢された。入社以来、ずっと営業畑で走り続け、フロントランナーとして気負っていたところもあったため、職場ががらりと変わったことで気持ちがとても楽になった。

営業マンはノルマレースの世界にいる。ノルマを達成して自分が生き残るために、情報は「隠し持つ」のが当時の暗黙のルールだ。オンラインサイトをつくる仕事はその逆で、不動産所有者や買主に寄り添って「情報を届ける」のが使命だ。営業マンが情報を握るのではなく、誰もが物件を掲載でき、閲覧できるというオープンなシステムができれば社会は変わるかもしれない、といった期待も、僕のがんばりを後押しした。

本社に抜擢され、仕事が評価され、年収もそれに伴って上がる。傍から見れば、この頃の僕はとてもいい循環の中にいたと思う。

暮らしの生々しさとかけ離れた情報の取引

２００６年、ちょうど30歳になった年。不動産をもっと軽やかに気楽に、情報として扱えればいいのに、という思いが募り、７年間勤めていたこの会社を辞めて、不動産情報サイトを運営するベンチャー企業へ転職した。当然、収入は減るが、全国の不動産を扱うこの会社には未来があると思った。

その後、営業職に就いて３カ月で成果を出し、すぐにマネジメント職に昇格した。業界の常識の一歩先をいく仕掛けをどんどん実装していくうちに、会社の規模はすぐに大きくなり、当初の賃貸物件中心の事業から、中古売買物件の事業にも注力するようになった。

僕は正直、賃貸物件が好きではなかった。賃貸は、軽いからだ。所詮一時の仮住まいであり、借り手の物件探しも「人気駅ランキング」なんかを参考にしながら選んでいるんじゃないかと思えてしまうからだ。家に、人生がない。

賃貸物件を扱う営業マンも不動産会社も、住み手の人生なんて頭の隅をかすることさえなく、賃貸物件を〝ザ・金融商品〟とか〝ザ・投資商品〟として扱っていることが多い。僕は、住人が長く住み、そこで暮らしを組み立てるのが「家」だと考えていて、住人の暮らしや人生の本質に関わりたいという思いが消えることはなかった。

それだけではない。不動産情報を届ける仕事に邁進していくうちに、それが〝情報〟の取引でしかないという虚しさに襲われるようになった。両手取引（不動産仲介会社が売主と買主の双方代理をする）やバックマージンなんて言葉が横行する世界は、家や人生といった生々しい質感からどんどん遠ざかっていく。不動産の重たさから逃れたい、売主にも買主にも満足してもらいたいと思って選んだ仕事だったのに、ここで新たな葛藤に出会ったわけだ。

もう一つのもどかしさは、不動産情報事業の収益は不動産会社からの広告収入で成り立っているということだ。売主や貸主から不動産情報サイトに直接物件情報が寄せられれば情報は網羅されることになるが、クライアントは不動産会社である。ノルマの世界に晒されている不動産会社の営業マンが物件情報を隠すこともある。つまり、情報の非対称性は変えられないということだ。本当にいい不動産とそれを欲する住人は、どうすれば引き合わせられるのか。何をやっていても、頭の片隅でこの本質的な問いをぐるぐる考え続けていた。そんな時に、冒頭で述べたように、伯父から事業承継の手紙を受け取った。

家業が陥っていた負のスパイラル

僕が家業の会社の取締役に就任した時、まだこのベンチャー企業で働いていたが、徐々に家業に関わるなかで、大家業の大変さを痛感するようになった。世間では一般的に「大家は何もしなくても家賃が入って、楽して稼げる仕事」だと思われている。しかし、実際の大家業は責任が重く、決して楽な仕事ではないのだ。

伯父と父の経営していた会社が管理する賃貸住宅は、入居者から利便性やスペックで選ばれていて、いわば消費されていた住宅だった。入居者たちはここに暮らす価値を感じることもなく、愛されない建物は荒れ果てていた。入居者の退去後の部屋に入り、息を飲むことも少なくなかった。壁や天井に穴があき、ガラスが割れ、床は傷み、重くて暗くて荒んだ空気に満たされた部屋…。大家として、住人たちの暮らした日々を慈しみ、歴史を重ねていく喜びを感じることもなく、賃貸はもはや〝家〟とは言えないのではないか、とさえ思えた。

歴史を重ねる価値がない不動産とはつまり、〝竣工時に最も価値がある〟ということだ。時を経るごとに、古くなり、価値が落ちる。そんな住宅には、ぜひここに住んでほしいとアピールできる営業ポイントも見つからない。無論、こちらから入居者を選ぶことなどできるはずもない。当然、こうした不動産は空き室が増えていく。「空き室だらけなんて、ここ大丈夫かな?」と思われ、ますます空き室は埋まらなくなる。こうして家の価値を自ら損ねていくようなダメなスパイラルに陥っていく賃貸住宅は、きっと少なくないはずだ。当時伯父と父の経営していた会社が管理していた賃貸住宅も、このダメスパイラルを体現していた。

一方、当時勤めていた会社でも、僕はある種の限界を感じていた。どんなに不動産業界の常識を変えようとしても、この業界内にいると、供給側の理屈でしか物事を動かせない。不動産仲介、不動産情報サービスと手がけてきて、業界内からできることとできないことがあるとわかった。その〝できないこと〟があるもどかしさが募り、会社という組織の中で生きていく自分がだんだん肯定できなくなっていった。

さらに、家業で取締役になってからというもの、業界団体に依存していては埒があかないということも肌感覚でわかってきた。自分が業界で働きながら違和感を感じてきた家と人の関係を変えるには、僕自身が大家という実業に飛び込んで自分のすべてを投じて変えていくしかない。それこそが、僕が次に進むべき道なのだろう。その予感は次第に、確信へと変わっていった。

そして、２０１１年1月をもってお世話になった会社を退職した。大家という仕事に、退路を断って向きあうことになった瞬間だった。

2 大家業を変革するマインドセット

大家は事業家になろう

僕は、賃貸住宅の当事者である〝大家〟となることで、内側から業界を変えていくつもりでいた。世間が大家という職業に対して思うように、不労所得で楽して得して暮らそうなどと考えたことはない。

一方、その立場になって初めて知ったのは、世の中の大家が集う「大家の会合」といったものが数多く存在するということだ。僕も一大家としてそうした会合に出席してみたが、正直なところ、話を聞けば聞くほどに違和感が募っていった。そうした会合で話題になるのは、更新料の保証問題やモンスター住人への処し方といった自分たちが被るリスクへの対応策ばかりで、そもそも大家はサービスの送り手であるという自覚をほとんど感じられなかった。「黙っていても入居者はやってくる」という時代の感覚をいまだに引きずっているわけだ。

僕もかつては、大家の家賃収入は副収入的なもので、本業は別にあるというイメージがあった。言い換えれば、労せずして収入を得る別のお財布があるという感じだ。しかし一方で、不動産会社に勤めている時に「物件情報を情報誌に載せれば問い合わせが来る」といった入れ食い状況などほとんどないという現実も見てきた。その乖離を直視せずに、入居募集を不動産会社に丸投げしたり、うまく回らないことを管理会社のせいにしていたら、大家というビジネスに真剣に向きあえないはずだ。

いい住宅を供給し、自分の収入も安定させようと考えれば、大家自身がその賃貸住宅の営業マンになることが必要だ。不動産会社を通さないことで経費を抑え、都度、商品の見直しをする。また、物件が古くなればメンテナンスにお金がかかることも見通していかねばならない。そうした手間をかけていても、空き室は出てしまう。高い入居率をキープしないとキャッシュがどんどん出ていってしまうから、空き室が出るたびに、株価が下がるような心理的なダメージを食らう。だから日々、真剣勝負になるはずなのだ。大家というビジネスは、片手間にやるものではない。「一つの建物が、一つの事業」と考えるくらいがちょうどいい。ただ、自分の所有する賃貸住宅とそんな向きあい方をする大家は、現在の日本にどれくらいいるだろうか。

大家は本来、自身の所有する不動産を取引する事業家だ。大家それぞれの哲学を反映した賃貸住宅が増えていけば、業界の体質が変わっていくかもしれない。つまり、大家に事業家マインドが育てば、いい賃貸住宅が増えていくはずなのだ。

大家は入居者をよく知ろう

２０１１年1月、自社が運営していた賃貸住宅を自身が住みたいと思える家に変えていくことを考え始めた。マインドマップを整理したり、インテリアのカスタマイズに興味を持ったり、既存の賃貸住宅の枠組みを破っていこうとしていた矢先、東日本大震災が起きた。明日、社会がどうなるかわからない状態に身を置き、一瞬ですべてのものを失う可能性と隣りあわせで生きているのだと肌身で感じた。大きな借金をして入念な準備を重ねても、自然災害や環境汚染で物件が壊滅的な被害を受けたらすべてを失う。「大家業は怖い仕事だな」と、震撼した。

世の大家は皆、大家業の怖さを潜在的に認識しているのかもしれない。そのリスクを回避するため、また住人と直接向きあうストレスを回避するため、不動産会社に頼んで仲介会社、管理会社に入ってもらう。でもそうすると、さらに怖さは増す。

大家というのは多様な入居者の暮らしを預かる責任の重い仕事だ。それにもかかわらず、大家と入居者は契約書という紙切れ１枚でつながり、大家は入居者がどんな人で、どんな暮らしを送っているか知ることもない。入居者も大家も互いの顔さえわからず契約関係を結ぶ。

大家が入居者と初めて直接コミュニケーションをとることになる局面というのは、何かよくないことが起きた時だ。鍵を忘れたから合鍵を貸してほしい、隣の家の騒音が耐えられない、設備に不具合がある、など、賃貸住宅には本当にさまざまなことが起きる。大家はそうしたあらゆるトラブルや苦情を受け止め、責任をとらなければならない。

会社を経営していればわかるが、最も怖いのはスタッフが何を考えているのかわからなくなる瞬間である。大家も同じで、住人が何を考え、何を感じているかわからないと恐怖を感じる。そこでますます住人と距離をとろうとすると、ますます怖くなる。

むしろ自ら前線に立って、自分の運営する賃貸住宅の価値を高める能力をつけていくとどうなるか。住人たちが楽しく暮らせるように全力で考え、住人とコミュニケーションをとる。たとえば、新しく住人を募集する時には、現地にいて、共用玄関や廊下を掃除してみる。ただそれだけで入居者の顔を見ることができるようになる。言葉を交わし、心を交わせるようになる。

さらに、住人とのコミュニケーションをとるようになると、「うちの物件に入居してもらいたい人」というイメージもできてくる。資金繰りが怖いと、入居者を選ぶなどという余裕はなくなる。1人でも早く入居してもらって収入を得たいと考えるからだ。しかし大家業は、「箱を埋める商売」ではなく、「人間を相手にした事業」である。つまり、自分が「この人と一緒に」と思えない人を事業の相手にしたらうまくいかないのだ。

住人としっかり向きあうからこそ、住人を選ぶ。

選んだ住人の幸せを、とことん考える。

そうすることで、大家から見える世界はがらりと変わる。大家という職業の怖さが薄れ、この仕事に喜びさえ感じられるようになる。

大家は表現者になろう

勤めていた会社を退職する少し前の2010年、自社が管理する古いアパートが建つ練馬区平和台の土地の未来について考え始め、まずハウスメーカーに相談した時のことだ。彼らは「事業収入の安定」のことしか口にしなかった。大家を安心させ、早く新しい賃貸住宅を建てさせるためだろう。彼らには、それぞれの大家の個性を打ち出した賃貸住宅を建てるという発想はなく、そうした個性的な物件を欲するユーザーがいるという発想もなく、「賃貸住宅というのは普通こういうもので、みんなが欲しいものは一緒」だと考えている。

「みんなが欲しいもの」は、広く選ばれやすい。ただそれはできた瞬間のことで、経年劣化が進んだ没個性の物件はそのうち選ばれなくなり、空室率は上がる。冷静に考えればそうした「闘えない商品」をつくるリスクの方がよほど高い。

なぜ世の大家は、自分が世に出す賃貸物件について独自性を出そうとしないのか。

これは、そもそも〝世の中によくあるものに合わせるビジネス〟だと思い込んでいるのが原因ではないだろうか。自分の頭で考えて商品をつくるビジネスではなく、先発の商品の路線からはみ出ないようにするビジネスだと自ら規定している、と言ってもいい。

どこにでもあるものは、はずさない。その考えは、コンビニの運営と近いだろう。全国どのコンビニに行っても同じ商品が並んでいることで、客は安心する。ただこれは、そこにコンビニがあることが〃ありがたい〃状況での話だ。店舗数が増加して飽和状態になれば、差別化されていないことで他店舗と勝負できなくなり、経営難に陥る。多くのコンビニは本部の縛りの厳しいフランチャイズチェーンで、店長が裁量を発揮するのは難しいが、「考えなくても経営できる」というメリットがある。ところがピンチの時には一転、考えない経営がリスクとなる。

一方、ボランタリーチェーンのコンビニは本部からケアされることがほとんどない代わりに自由裁量で独自の工夫ができる。レコードを売り、店内でＤＪイベントをすることで有名になったあるコンビニは、固定客が店内でお酒を片手にくつろぎ喋っている。客に愛される存在である以上、このコンビニは世の中の多少の変化に動じることなく生き残っていくだろう。

人口減で飽和する未来が見えてきた賃貸住宅も、経営方針を大きく変える必要がある。

僕が大家としてやっている唯一にして最大の強みは「住人をよく知っている」ことだ。日頃からコミュニケーションをとり、住人の日常にコミットしている。逆に僕の日常にも住人たちがコミットしている。それが、僕の運営する賃貸住宅の価値であると言っていい。この価値は、マーケットが縮小する時代に大きく力を発揮するようになる。

講演を頼まれてこんな話をすると、「住人から文句やわがままを言われて困ることはないですか？」と質問をされることがある。きっと質問者自身、言われて困ってきた経験があるのだろう。もし困るのであれば、文句やわがままを言われるシチュエーションを生みだす根本に目を向けるべきだ。もし大家が毎日住人と顔を合わせていたら、挨拶を交わすような関係を築いていたら、文句だけを言われるようなことになるだろうか。暮らしの中で普通に会話をする関係性ができていないから、炎上したりモンスター化したりするのではないだろうか。

大家がたとえ住人のために苦悩を重ね、いろいろがんばっていたとしても、それが住人に見えなければやっていないのと同じになってしまう。大家と住人の間に管理会社が入っていれば、いよいよ大家の存在など伝わらない。伝えたいことがある時にお知らせのペーパーを配布したとしても、まあ大抵は読まずに捨てられてしまうだろう。

だからこそ大家は、表現者であるべきなのだ。自分の思いを伝え、相手の思いを知り、求められているものの先を見て、未来を示す。そうしたコミュニケーションと表現があってこそ、住人は大家と家に愛着を持つようになる。そこでもう一つ大事なのは、大家が自己表現に走りすぎたり、サービス側に寄りすぎず、「至らず尽くさず」というスタンスを持つことだ。賃貸住宅に実際に暮らすのは住人なのだから、彼らの意思をできるだけ反映する自由度を担保するためにも、大家と住人がともに表現者になるのがいい。内装はＤＩＹでどんどん変えてもらっていいし、他の住人や地域を巻き込んだ企みの舞台として使ってもらうことも大歓迎だ。そうした自由がある代わりに、責任の片棒も担いでもらう。自分が手をかけることで愛着は増し、その家に、そのまちに長く住むことを住人自らが望み始める。そして気がつけば、「住人がクレームを言う」という構造自体が消滅している。

こうした賃貸運営を実践している立場で一般の大家業を見ると、みんなありえないほど怖いことをしているなあ、と感じる。入居者の年収、勤め先、連絡先だけで入居の可否を判断できるはずがないなのに、最初に入居者とお互いに知りあうことを放棄してしまう。入居者との距離をうんと遠くして、自分の危機管理のウェイトをうんと重くして、経年劣化やトラブルという未来の苦しみをただじっと待ち構えているように見えてくる。

3

高円寺アパートメント：持たない大家業に挑戦する

就職するように大家になる

ここまでは主にこれまでの大家業の問題点とそれにどう対処していくかを述べてきたが、ここからは、これからの大家業について考えてみたい。家業として親などから大家業を継いだ人や自分で物件を獲得できた人だけが「大家になる資格がある」わけではない。誰もが大家という職業に就くことができ、まるで就職するように大家になる。そんな世の中があってもいいいと僕は考えている。

需要は大いにある。自分が所有する賃貸住宅があったとしても、なかなかその運営にコミットできないという不動産オーナーもいるだろう。その時、自分の代理で、住人から顔の見える存在を立てる。オーナーは店にいなくても店長が切り盛りする飲食店と同じだと思えばいい。それが、「持たない大家」だ。

杉並区にある「高円寺アパートメント」という賃貸住宅は、旧社宅をリノベーションした2棟50世帯の集合住宅だ（8～9頁参照）。基本設計を担った馬場正尊さん率いるOpen Aがまちの価値を高める拠点の一つとなるこれからの賃貸住宅のあり方を提案して、2017年3月に竣工した。もともとの社宅時代には建物の裏の部分で住人専用の駐車場・駐輪場になっていたスペースがあった。そこに芝生を敷き詰めて、外構に高く積まれた塀を取り除き、建物の顔になる表に変えた。高円寺駅と阿佐ケ谷駅からはいずれも薄暗い高架下がアプローチになっているので、高架下を抜けた先に広がる青空と緑の芝生がなんとも開放的で気持ちいい。公園のようにオープンなパブリックスペースの先の1階部分には、地域の日常の魅力を高める飲食店2戸と、プライベートとパブリックの境を曖昧にした暮らしが営める店舗付き住宅4戸が並ぶ。

馬場さんはハード空間の魅力を高めるソフト運営の重要性を事業主であるジェイアール東日

左が社宅だった当時、右が改修後の高円寺アパートメント

本都市開発に伝え、「よい実践例がある」とプロジェクトチームや経営陣を2章で紹介する「青豆ハウス」に連れてきてくれた。もともと事業主のグループ会社である管理会社タイセイ・ハウジープロパティが管理を担うことが決まっていたが、運営面で彼らと協力しながら僕の経営する企画・運営会社「まめくらし」がソフトマネジメントを行うことになった。

企業が大家だと、どうにも大家の顔は見えてこない。担当者がいてもそれは法人格の窓口を担う人で、個人の意思は反映しにくい。仮に柔軟な判断と決裁

プロジェクトを始める時は、こうなったらいいなという理想の未来をイラストにして関係者に共有する。ハギワラスミレさんに描いたもらった高円寺アパートメントの未来予想図は今もこのアパートメントの入口に掲げられ、描いた通りの日常が広がっている

権限を併せ持つ担当者が着任しても、企業である以上、人事異動によって担当者は変わってしまう。それでは人と人の関係を持続的に築いてくことで保たれる良質な運営ができないのではないか、という問題意識に端を発し、まめくらしの社員である宮田サラ（76頁参照）が企業大家の代理として「大家」という役を仰せつかった。実際には〝大家〟という職能をそのまま肩書にすると、住人含め関係者の誤解を招く恐れがあるし、そもそも恐れ多いので〝女将〟という肩書にした。それでも20代の女性に女将という肩書をつけるの

女将の宮田サラ（左写真の左、右写真の右）は住人と同じ目線で寄り添う

は十分恐れ多く、関係者間で議論を呼んだ（笑）。

彼女は高円寺アパートメントに住みながら住人の日常に付きあい、顔の見える大家としていつもここにいる。住人はまだ若い彼女を慕い、楽しさを分かちあい、何かあればすぐに相談ができる相手がいる状態に安心感を持ち、互いに良好な関係を築いている。これこそが純粋に大家の存在意義だ。物件を持ち、家賃を回収し、建物をメンテナンスすることだけが大家の仕事ではない。つまり、住人と寄り添って彼らの暮らしについて考え、責任を持ってその仕事を全うする「顔の見える大家」が必要なのだ。

持たない大家に必要な発想力と想像力

なぜ、顔の見える大家が必要なのか。

一般的には、住む場所を手に入れたいと思った時の選択肢というのは、買うか、借りるかのどちらかだ。買った人も借りた人も、そのための対価を支払うという行為は変わらない。違うのは、その支払先だ。買った人はローン会社に、借りた人は大家に、対価を支払う。

賃貸住宅は、月々支払いを重ねてもその物件が自分のものにはならない。つまり住人は「時間」に対価を払っているわけだ。それに対して大家は、住人の時間の価値を高める努力をするのが仕事だ。そして住人は、そこで過ごす時間に対して支払う家賃が妥当だと判断すれば、そこに住み続けていく。

逆に、賃貸住宅という「モノ」に対価を払うとしたら、新築時の価値が最大値で、経年変化は物理的劣化を生み、市場価値はどんどん下がり続ける。歳月を重ねることで醸成される場の空気や住人同士の関係性といった目に見えない価値はマーケットでは無視される。これでは、良質な場、良質な賃貸住宅は育っていかない。

住人がその時、その場所で過ごす時間の価値に対価を払い、大家は全力で豊かさを提供する。そのために、大家には発想力や創造力が必要となる。「持たない大家」は、純粋にその力で勝負することになる。

別に誰もがひれ伏すカリスマ大家になる必要はない。人間らしく少し抜けた部分があって、つっこみどころ満載であっても、住人と目線を揃えて話ができて、住人から信頼され、信頼に応えようと努力する等身大の大家である方がよほどいい。高円寺アパートメントの女将、宮田

竣工当初から開催されてきた高円寺アパートメントマルシェ。表側の芝生広場は住人が声をかけて集めた出店者のマルシェが並び（上）、中庭では住人によるフリマやアカペラ合唱のパフォーマンスも（下）

高円寺アパートメントマルシェは暮らしを楽しみたい住人たちが企画、出店者集め、告知、当日の設営と運営もすべて行う

左／高円寺名物の阿波おどりの連も住人が連れてきた、右／生演奏を2階から楽しむ住人も

ここで育った子供たちも似顔絵を描いて出店したり、チラシを配ったり参加している

サラがいい例だ。とても気がつく頼りになるタイプだが、年齢的にも住人の妹タイプであり、頼られるというよりは可愛がられていたりする。彼女自身が高円寺アパートメントに暮らす住人なので、主従のタテの関係でなく住人同士ヨコの関係だから目線も揃えやすく、住人の暮らしを育てることは、そのまま彼女の暮らしを育てることにもなる。

高円寺アパートメントマルシェや1階の「アンドビール」が主体となるビアフェスなどの大きなイベント、餅つきや流しそうめんなどの季節を楽しむイベントも、まめくらしが単独で企

新春の餅つき（上）、春の花見会（中）、夏の流しそうめん（下）に縁日、秋のビアフェスやハロウィンなど季節を楽しむイベントも住人が主体となって開催している

画するのではなく、すべて住人たちとともに企画をし、同じ目線に立って運営するから続けられる。住人は企画ごとに関わり度合いは自由に決められ、決して強制はしない。コアになる住人もいれば、楽しむだけの住人も、そっと見守る住人も、まったく参加しない住人もいる。生活スタイルも価値観も多様化した現代において、選択肢があることが重要で、それぞれの関心事や状況に寄り添うことがコミュニティ運営にとっては何よりも大切だ。ハレもあればケも必要で、何気ない日常の温度感を整えたり、悩みごとに寄り添ったり、問題が起きた時に改善に向けて一緒に歩み寄ったり、非常時に備えて防災マニュアルを一緒に作成したりと、持たない大家としてのまめくらしのソフトマネジメント業務は多岐にわ

防災マニュアルづくり

住人たちが主体的に関わり、暮らしの自治を育てている

たる。ただ、すべて住人との連帯があるから続けられる。任す・任されるの関係でなく、ともに歩む。今の時代に合った暮らしの自治を育むのが、新しい大家像なのかもしれない。

手間を面倒だと思う大家にこそ、その成果を伝えたい。高円寺アパートメントは竣工から7年を経過しても99%の稼働率を高水準で維持し、新規募集の問合せは1週間で5〜15名、内見には4〜8名と退去時のリスクも低く抑えられ、竣工時より家賃が1万円上がっても成約に至った部屋もある。経年劣化から経年優化へ。ハードだけではなしえない、ソフトの影響は思いのほか大きい。

4 大家の学校：愛のある大家を育てる

大家業を学ぶ場がない

僕は2013年よりリノベーションまちづくりを推進する「リノベーションスクール」に参

画していて、最近ではスクールマスターという校長の役目で地域ごとの特色を活かしたプログラムの設計や運営の総責任を担っている。多い時は年に15回ほど全国の市町村でスクール開催をしていて、それぞれの地域のまちづくりの担い手たちに講師をお願いすることがきっかけとなって、面白いことを考え実践する大家さんともたくさん出会ってきた。

持ち前の哲学を活かして独自の大家業を営む人には、まちづくりに通底する手法が蓄積されていて、学ぶものが本当に多い。また、一言で大家と言っても本当にいろいろなタイプの人がいることがわかってきた。たとえば彼らは大家以外の顔を持っている。元バイヤーだったり、元外資系コンサルタントだったり、化学者だったり。まったく異分野のバックグラウンドを持っていることで、大家としての個性も一層光る。

彼らを見ていると、一般的な大家業のイメージとは大きくかけ離れていて、人とのつながりを下支えしながら自らも成長し続ける本当に豊かな職業だと確信する。ライフワークとしてこうした大家業を長く営む人生はいいものだなと改めて感じる。

ただ、大家の誰もがそうしたユニークな経験をしているわけではない。たまたま大家業を営む家に生まれ、家業を引き継ぐという選択肢を前に悩む人たちが、世の中には大勢いる。彼らが大家業を始めようとする時、こうありたいと目標にする人を見つけるのは困難だし、希望を見出せる適切なアドバイスを受ける機会もほとんどなく、孤独に闘うほかない。僕もそうだった。つまり、大家業を教えてくれる場がないのだと気づいた。

リノベーションスクールでは、当該地域に必要だと思われる事業を自ら生みだすために、他の地域で実践してきた事業の話を聞いて学ぶことを大事にしている。こうした学びがあることで、発想が広がり、現実を動かす力を養うことができるからだ。

このような学びを、全国の大家にも届けることができないか。僕が何年もかけて会ってきたスペシャルな大家たちのことを伝える場ができないか。そうした先駆者たちの手法をしっかりと追いかけるだけでも、生き生きとした賃貸住宅運営ができるようになるのではないか。こうして、大家という職業を伝える場づくりについてぼんやりと考え始めた。

胸を張って大家を謳う仲間を増やす

考えてみれば、「大家」という肩書を打ち出して一般的なメディアなどに顔を出している人は、それまであまり見たことがなかった。不思議なようだが、当然でもある。大家としての思いがなければメディアで伝えたいこともないからである。意図せず大家という立場になったまま思いが育たない人が増えることは、不幸な賃貸住宅が増えることと同義であり、それは悲しいことだ。

2014年に「青豆ハウス」がメディアに紹介されるようになると、同業者から個別に相談に乗ってほしいという依頼が来るようになった。特に地方都市で大家業を営む人たちは未来への不安を感じ、悩みを深めているということがわかった。たとえば「ワールドビジネスサテライト」のような影響力のあるテレビ番組や「TEDxTokyo 2014」などのイベントに出演した時には注目度が増し、青豆ハウスに見学や視察に来る人も増えた。情報は共有したいしどんどん真似をしてもらいたいと思う一方で、アクセスしてくる人たちそれぞれに対応する時間が足りなかったり、手法を伝える立場として責任が持てなかったり、と歯がゆく感じることが多くなった。大家という職業を学ぶニーズがあるのに、そういう場がない。

ちょうどその頃、青豆ハウスの運営体制について外部から批判されるようなことが起きた。「手間やコストをかけてそこまでやらなくてもいいんじゃない?」「もう満室なんだから運営に凝る必要はないのでは?」「こんなにもてはやされるなんて宗教っぽくて危ないよね」といった声だ。メディアに注目されることで、やっかまれたり曲解されるんだなということを身をもって知った。こうした声は、独自の方法で成功しているように見えることに対する同業者の嫉妬がほとんどだった。

こうした動きに対して、当時、思いのほか傷ついた。しかし一方で、「自分にしかやれないことをやった方がいい」という確信を深めていくことにもなった。そして、こうした哲学を共有できる人たちと学びあう場をつくることで、風変わりな異端児として一蹴されることなく、自由で生き生きとした大家をもっと輩出できるはずだという思いがますます強くなった。同じ志を持った人たちが同じ場に居合わせ、ともに高めあう「スクール」という場をつくりたいと思った。

大家は、孤独な商売だ。常に発注主として判断を迫られ、仕事上のパートナーも求められず、空間づくりも運営も自分の知見だけでやるしかない。新しい出会いの場が極端に少ない業種でもある。不動産業者や建築家と連携しようとしても、「何かアクションをすれば多額の費用がかかるのではないか」と不安でなかなかアプローチできない。会社勤めをしていれば、チームの仲間とアイデアを出しあうことで発想が生まれたり課題を解決できるが、大家の壁打ち相手は自分しかいない。孤独ほど、厳しい環境はない。

もしスクールを開けば、肩を並べてがんばる仲間の中から、強みを掛け合わせてお互いに力を発揮できるパートナーと出会う可能性がある。自分の強みだけで勝負するのではなく、外からアドバイスをもらうこともできる。

実践の学びと出会いを同時に手に入れることができれば、きっともっと大家業はたくましく、楽しくなるはずだ。理想を掲げ、ビジョンをつくり、それを形にする喜びを知ることができる。運営のリアルなヒントを得られる場があれば、世の中の賃貸住宅の質をぐっと上げられる可能性がある。「自分は大家です」と胸を張って生きる大家が生まれ、そのまわりには幸せな賃貸住宅に暮らす住人が増えていく。そうすれば、まちが変わり、人々の生活が変わるはずだ。そうして僕は２０１６年、「大家の学校」を開校することを決めた。

2024年開講の大家の学校11期の講師陣

大家の学校1期開校式（左）と10期閉校式（右）、期を重ねるごとに女性の受講生が増えた

大家の学校の1期は5月から12月までの月1回全8週。講義は2人の講師のレクチャーの後、校長の青木を交えたトークセッションで構成されている
左／クルミドコーヒーを営む影山知明さんのレクチャー。右／まちの保育園の松本理寿輝さんとはっぴーの家ろっけんの首藤義敬さんとのトークセッション

左／講義中の受講生たち、右／卒業生が手がけた物件をみんなで見に行くことも

大家の仕事を描き直す地図を手に入れる

大家の学校では、大家たちが自分なりの実験を重ね、その実験から得た成功も失敗も共有していく。やり方に正解や不正解はない。ただ大事なのは、実験の過程そのものにすべてのヒントが潜んでいる、ということ。大家の学校の講師たちは、この実験を継続している人たちで、魅力的な地図を持ち合わせている。

大家の学校で講師をお願いする際に、講師の事業規模などはあまり問題にしていない。大家の価値イコール経済規模の価値、という考え方は質より量の時代の産物だ。すでに始まっている人口減の時代に大切にすべきなのは、つくったモノの数ではない。個性的なコミュニティが、まちに多様なつながりを生みだし、公共性を生みだしているか。すなわち物件のまわりで〝界隈性〟を生みだしている方に講師をお願いしている。

ここで講師を務めてもらっている大家を1人紹介したい。大田区の梅屋敷で不動産、プロダクト、人材に対する小さな〝開発〟を行うことでエリアマネジメントにつなげていく手法「マイクロデベロップメント」を日々実験している茨田禎之さん。

彼の講義は、自身の取り組みや持論よりもまずエリアの課題や可能性の紹介から始まる。茨田さんのビジョンは「地域資源を活かした魅力的な更新」だ。彼が大家をしている「うめこみち」「カマタ_クーチ」「カマタ_ブリッヂ」などではそれぞれの点をきちんと線でつなげ、面の価値を高めている。さらに、京浜急行線大森町・梅屋敷駅間の高架下開発「梅森プラットフォーム」内にてカフェ、インキュベーション・コワーキング施設の運営も手がけるなど、茨田さんの飽くなき挑戦は続く。

彼の事業の進め方の特色は、実験と検証を重ねていくところだ。物件そのものへの投資より地域産業をアップデートできるような機械設備への投資を優先したり、小さな文化を継承してそこに人が集まる場をつくっている。

「大家が一つ一つの部屋に自身の感覚で投資しきれいな物件として整えても、入退去を繰り返すだけ」と考え、住む人に愛着を抱いてもらう仕掛けとして家具をつくれる機械（ショップボット）を購入して工房をつくった。設置費用は部屋に投資していた改装費をあてている。町工場が多いクリエイティブなまちなので、地域のクリエイターがこの機械でつくった家具を販売すれば、家賃以上の収益を1棟の建物から生みだすことができるという発想だ。そこでつながる地域のクリエイターコミュニティのことを「@カマタ」と称して

茨田禎之さんによる「マイクロデベロップメント論—超攻撃的村づくり」と題した9期の授業

仲間を広げている。このクリエイターたちとなら地域の価値を高め続けることができる、という気運が高まり、梅屋敷駅の高架化で生まれた高架下のスペースを活用して「仙六屋カフェ」をつくった。梅屋敷で長く愛されてきた福田屋のクリームモナカを事業承継したカフェである。その後、仙六屋は人とまちをつなぐさまざまな取り組みを展開していく。まちに不足していると感じた美味しいパン屋さんを限定募集して、なかなか決まらなくてもブレずにめげずに踏ん張った。とうとう自分の物件の1階に誘致した時には、並々ならぬ覚悟も見えた。複数のシナリオを想定し、時間をかけて、妄想を重ねて、点を線に、面に、そして層にしていく。そこに好きな気持ちや楽しさを忘れずに続けていれば、必ず奇跡《ミラクル》が起こる。

そんな茨田さんの支えになったのは、伴走してきた大家の学校の2人の講師と、大家の学校でともに学びあった仲間の存在でもあったと、茨田さんは言っていた。

「やっぱり茨田さんはまちのことをやらなきゃいけない」と伝えてくれたのは、うめこみちプロジェクトで地主としての心得を教えてくれたブルースタジオの大島芳彦さんだったという。彼の言葉は、個別不動産の対処療法ばかりではキリがない、まちの価値を高めて選ばれなければ未来はないと考えていた茨田さんの行動の原動力になった。

京急の高架下活用では、まだ京急と接点がない時点から@カマタで活動をともにしてきたNPO法人CHAr（前モクチン企画）の連勇太朗さんが伴走してくれた。なんとか接点をつくれた京急の社員に、頼まれてもいない構想を話すことから始まった高架下プロジェクトだったが、結果として茨田さんの提案は実を結ぶ。

茨田さんは自分の言葉でストレートに伝えることを大切にした。求められてもいなかった提案なのだからそれだけで熱意は十分伝わったはずだ。最後に相手の気持ちを動かしたのは、「本気のコミット」じゃないかと彼は言う。自らが借り手として京急に賃料を支払い、まちに関わる人たちを増やしていく役割を担う提案から真剣さも伝わったのではないか、と。

もともと茨田家はかつて地域産業だった海苔の養殖事業者だった。埋め立てで廃業せざるをえなくなり、不動産業が生業になった。地主を引き継がざるをえなかった後継者として、与えられる変化ではなく、自ら起こす変化でまちの未来を切り拓く。

茨田さんは大家の学校の受講生に向けて「それぞれがラーメン屋になりましょう」という名言を残している。それぞれが最高だと思うスープの味を追求すればよく、いくつもの最高がこの世に同時に存在していい、ということだ。この最高のスープをつくるプロセスには、計り知れない紆余曲折があっただろう。道半ばには〝間違い〟の烙印を押されかねない時もあったはずだ。そのいくつもの山を越えた先にその人だけのスープの味ができる。この学校では、きっと誰も教えてくれないそうした壁の乗り越え方の地図をもらうことができる。

大家の学校の講師として、受講生に実験と検証の経験を伝えるだけでなく、自らも時に受講生となり学びを深め、地域の事業者と連帯する持たない大家としても活動する。茨田さんのラーメンのスープはますます進化を続けていく。

大家は単なる箱の運営ではなく、共同体の運営をするからこそ、コピペしてすぐに取り入れられるようなことを教えても意味がない。それぞれの大家の生々しくて多様な地図が提示される理由はそこにある。

大家の学校で教わること

「学校」を開校していると、受講生の中には大家業のハウツーを学べると期待する人もいる。「ぜんぜん教えてくれなかった」という感想をもらったり、「失敗しない不動産投資とか、貸主が不利にならない法律的な手立てとかを教えてくれないんですか？」と聞かれたりもする。

確かにこの学校では教科書を開いて先生が一方的に教えるような学び方をしない。他で学べることには時間を使わないことにしているからだ。ここでは、他では聞くことのできないこと、普段なら関われない人と出会い、この仕事をしていくための知恵や交流関係をシェアして、それを活かして実践を重ねていくことに注力している。

講師を務めてくれる先駆的な大家や事業者たちは、実践してきた経緯を生々しくさらけ出し、受講者たちはそこから成功も失敗もすくいとる。レクチャー後のトークセッションでは、

「あの話の背景には、こういう失敗があったんじゃないか?」というような因果関係の気づきなどの落とし込みもする。

僕もこの学校では、自分の経験してきたことをなるべくぶっちゃけて話すことにしている。青豆ハウスをつくる時に建築関係の素養がなくて往生したこと、金融関係で苦労したこと、借金した時の重たい気持ちや、理想と現実のギャップに日々苛まれていた時のことなど、記憶の奥底に遡って全部ありのままに伝える。誰しも、初めて挑戦することに対しては臆病になる。失敗は怖い。でも「挑戦した方がいいよね」ということを熱心に伝えている。

大家の学校での青木のレクチャー風景

挑戦する時は、まずは誰かのやり方をごっそり真似てもいい。真似しながら咀嚼して自分のものになっていくからだ。大家の学校の第2期生に、千葉県館山市で大家を営む漆原秀(ウル)さん(84頁参照)がいる。ウルさんは僕のやってきたことを学び、隅々までトレースして自分のものにし、自分の大家業に完璧に活かしきっている。彼のすごさは、本気で真似たことだ。〃真似る〃は〃学ぶ〃の基本だということを、逆に僕は彼から教わった気がする。そして、真似から始まったことも自分の中に定着すれば必ずその人らしさが生まれてくる。ウルさんは今でも大家の学校のOBとして大きな役割を果たしてくれている。確固たる運営マインドを持った先輩として、エリアを動かすことに対するアクションをアドバイスする、受講生の伴走者でもある。個性豊かに活躍するOBたちはそうしてこの場と関係を持ち続け、後続の受講生たちに教えながら自分たちも成長していく。教科書のように定型化・固定化した学びは、ここにはない。

そしてもし、真似るという方法が自分に合わないならば、気負わずどんどん自分らしくやっていい。辿るプロセスに正解／不正解などないからだ。大事なのは「その人らしさ」が見えることで、これがまちの多様性を生みだしていく。人格の見えないロードサイド店のような空間でまちを満たすのはもうやめて、「自分たちでつくったもの」でまちを構成していけば、暮らす人たちがまちに愛着を持ち始める。大家たちは、そうして自分の仕事をパブリックに還元していくことになる。

こうした実践の学びは、スポーツにも似ている。必死に100本ノックを受けると可動域が広がり、直感で動けるようになるものだ。いくら最初にセンスがあっても、鍛えなければ伸びていかない。センスに経験が肉付けされ、それをエンジンにして頭と体がつながる直感力が備わるからだ。

大家の価値を最大限引き出す仕事

「大家の学校」を受講するのは、当初はいわゆる〝意識高い系〟の大家が多かった。それはそうだろう、いわゆる実務を教える学校ではなく、まちづくりにもコミットする大家哲学を学びたいのは、そもそも自分の中に問題意識が育っている人たちだからだ。僕もそうした気概のある受講生たちにしっかりと届く密度のプログラムを組み、方針がぶれることはなかった。

ところが次第に、従来の大家業界の中にいる人たちにも興味を持たれ始めた。自分ではどうにもできない壁に突き当たった大家たちが、なんとかして現状打破したいと思ってのことだろう。当たり前の話だが、どの業界においても先鋭的な人がいる一方でやる気のない人もいる。それぞれが2割程度いるとすれば、そのどちらでもない一般的なふるまいをするボリュームゾーンは6割程度だ。このボリュームゾーンの体質を変えるのは、大変なことだ。僕自身、賃貸住宅の未来を変え、人々の暮らしの選択肢を増やし、まちの暮らし心地をよくするために大家の学校を始めたが、ボリュームゾーンが変化していくには途方もない時間がかかると正直思っている。

それでも、変革は起きている。まちの普通の大家がすべて将来安定で左団扇なはずはなく、自分が親の代から受け継ぐことになった賃貸住宅をお荷物だと思っている場合も少なくない。そうした彼らが大家の学校に巡りあい、これまで接することのなかった考え方や実践に触れることの価値は大きい。「賃貸住宅は、お荷物じゃない。大家は、まちの未来をつくる職業なんだ」と知ってもらうのは、僕の大事な仕事だと考えている。

5 大家として大切にしている、六つの向きあい方

ここで改めて、大家というのは何をする人なのか考えてみる。自分で大家業をしながら、これまでいろいろな大家と出会ってきた経験から、あえて大事な向きあい方を挙げるとしたら、こんな六つになるだろう。

①…そこに居る

まずは、そこに「居る」ということがとても大事だ。その場に居れば、そこでの日常を見る

ことができる。落ち葉の掃除もできるし、住人と会話を交わせる。言うまでもないけれど、賃貸住宅は「建物」ではなく、「人の集合体」であると意識する。

大家は、そこに「居る」ことで、住人とともに時間を体験できる。言葉にするほどのことでもない空気感や、ちょっとした違和感など、また住人同士のつながり方や離れ方も肌で感じられるし、何よりその中に存在できる。大家と住人の日常が重なれば、突然クレームを言われて驚くことなどそうそう起きない。

②…愛し続ける

大家が最初に始めることは、その賃貸住宅のいいところを探すことだ。これが、案外難しい。親から受け継いだ賃貸住宅などは特にありきたりに見え、「ああ、この物件をどう愛せばいいんだろう」と思うことだってあるだろう。そんな意図せず受け入れたものであっても、愛着を持てる要素を見つけていく。何としても見つけていく。もしもハードに見当たらなければ、ソフトでつくりだしたっていい。

僕は大家になった時、「カスタマイズ」というソフトの仕掛けをつくった。建物は凡庸だとしても、住人がカスタマイズできる賃貸ができれば一つ一つの住戸が個性豊かな光を放っていく。そして、部屋に愛着を抱く住人たちが同じ建物で暮らす他の住人との関係性を大切にするようになり、「行ってらっしゃい」「おかえりなさい」といった共用部での挨拶が増え、ちょっ

賃貸住宅をカスタマイズする住人夫妻。ご主人の吉田亮介さんは大家の学校10期の講師を務めた

としたお裾分けや回覧板、お祝いのやりとりなんかが自然と交わされ、どこか懐かしく温かいコミュニケーションが生まれるようになった。あれがない、これがない、とないものねだりをせず、あるもの探しをした方が気持ちいい。

また、自分の価値観では気づかなかったことも、他人の目を通すと見えてくることがある。大家の学校ではいろいろな大家たちのケーススタディを直に知ることができるから、自分の価値観を揺さぶられる瞬間がきっとある。

大家が最も失ってはならないのは、愛だと思う。そんなことを真正面から言うのは、最も失いがちなものが愛だからだ。暮らしにはいいことばかりではなく、うんざりするような問題が発生することもある。ましてや人間関係を育てる場であれば、いい関係の時があれば、険悪な関係に陥ることだってある。「コミュニティは、価値にもなれば、負荷にもなる」というのは、ひつじ不動産の北川大祐さんの名言だ。最高の財産にも、最悪の瑕疵にもなる。最悪な状態になっても、大家はそこから逃げずに、愛を強く持ち続ける。

また、住人が住宅に愛情を注いでくれることも重要だが、住んではいなくてもいろいろな形で関わりながら小さな愛を注いでくれる関係者を増やすことも大切にしたい。そうすることで、そのコミュニティは幾筋もの糸で織られた織物のように強くしなやかになっていく。

③…決めすぎない

大家というからには、その家のことを〝決める人〟でなければならないと思いがちだ。確かにそういう局面もある。住人同士では決めきれない大きなことは責任を持って決めたり、ハウスルールを大家が示すことで、住人がぐっと暮らしやすくなったりする。

ただ、そんなやり方だけでぐいぐい引っ張るのがいいとも限らない。横浜にあるシェアハウス「ウェル洋光台」でコミュニティマネジメント、つまりオーナー代行を務める戸谷浩隆さんは「あえてルールをつくらない」という方法をとっているそうだ。何か問題が起こっても自分がせっせと解決策を導きだすのではなく、「困ったね」と、なりゆきを見守る。住人が「どうしようか」と考えを重ねながらやり方をブラッシュアップし、それをウィキペディアのように上書き編集していくそうだ。彼はそうしたやりとりの潤滑油になり、ありのままを活かしあう。ただ時折「SNS上で長い議論をしない」など、やってはいけないことだけを伝えているのだという。

住人たちが当事者として自然に、能動的に動ける〝いい湯加減〟をつくりだす。時にかきまぜてあげて、時に火を吹いてあげて、いい感じの温度を保つのが大家の仕事なのだ。大家が決めすぎないことで、住人の主体性を育てていく。その結果、ウェル洋光台の住人たちは、指示を受けて行動するのではなく、それぞれが自分の判断で行動できる〝ティール組織〟に行き着いていているという。

シェアハウスと賃貸住宅は違うものだと考える人もいるだろうが、たとえば賃貸住宅の共用部を出会いや関係性を生み育てる場所と考えれば、賃貸住宅をシェアハウスとして見立てることもできる。複数の他人同士が暮らしあう場所として居心地を確保する手法は、とてもよく似ているように思う。

僕自身は、生まれつきの性分でみんなを引っ張りがちなタイプだから、たとえば青豆ハウスではなるべく引っ張らないように心がけている。それは組織運営的な話でもあるけれど、もっと単純に、家とは出先から帰ってきてくつろぐ場だからだ。仕事では日々、誰かを引っ張ったり引っ張られたりしているから、家ではそこから解放されたのである。

④…気を遣わせない

家に帰ってまで気を遣うようなことがあったら、やがて疲れが蓄積する。なるべく自然体で暮らすためには、気を遣わないでいられる親密さも、適度な距離感も必要だ。みんなの前でうたた寝ができるようになれば一人前、強がったり、格好つけたり、シリアスになりすぎたりしない方がよい。

住人が最も大家に気を遣う瞬間がある。それは、自分たちが退去することを伝える時だ。住人から「相談が…」と言われたら、それは退去にまつわる話だと思っていい。告げられた大家は、どうふるまえばいいか戸惑う。落ち込んだ表情が、思わず出そうになることもある。僕はそんな時、「まあ、そっか」と一瞬で戻ってくるようにする。賃貸住宅の住人が退去するというのは自然のことだから、と。相手がどれだけの覚悟をもって話しているのか伝わるから、その負担が少しでもなくなるようにと思う。住んでくれた彼らが、ここに居ようと居まいと元気でいてくれるのが一番いいに決まっている。

⑤…1人1人の居心地を大切にする

自分の運営する賃貸住宅がメディアに取り上げてもらえることになったとしよう。自分がやってきたことの価値が認められるのは、まず素直に嬉しいことだ。しかしここで大家は、いったん立ち止まって考える必要がある。賃貸住宅がメディアに出るということは、住人のプライバシーを切り売りしてしまうリスクと表裏一体だ。前に出ていきたい住人もいれば、出るのは控えたい住人もいる。暮らしの場にこうした緊張感を持ち込むことに対しては、丁寧に、慎重に考えることが大事だと僕は思っている。

青豆ハウスでは、子供がいる住人が増えたタイミングで、「子育てしやすいシェアハウス」というコンセプトで取材を依頼されることが多くなった。もちろんその視点で取り上げてもらうのはありがたいし、実際大らかにつながりあって子供たちを育てる環境ができている。一方で、子供のいない住人も暮らしていて、彼らが住みにくくなるような状況は決してつくってはならない。「子育てしやすいシェアハウス」というキャッチフレーズはとてもわかりやすいけれど、それが実際の多様で複雑な暮らし方を塗り潰してしまうのだ。

僕自身、こうした取材時は、言葉を慎重に選びながら「いい塩梅」を探り続けている。多様な暮らしを支える住宅というのは、偏った色づけをされず、限りなく透明に近い状態で存在しているのが一番だと思っている。

⑥…場が育つ触媒となる

大家は、思いやりを持ち続け、心を砕き続ける仕事なのだと思う。自分に余裕がなくなってくるとそうした配慮ができなくなり、つい荒くなってしまう。振り返ってみると、そういう時に問題は起きている。そして、自分を責めることになる。自分が成長しなければ、多様な人たちを受け入れていくことができず、自分の小さな価値観に合わない人が視野に入ってこなくなる。だからこそ、自分の器を大きく育てる努力を続ける。

成長とは、自分が他よりも目立って大きくなることではない。大家は賃貸住宅に愛を持てば持つほど、理想と現実を近づけたいと願うほど、自分自身の輪郭を強調していくことがある。そうすると〝大家さん〟が評価される状態ができてしまう。でもそれは小さな自己顕示欲を満たしてくれるだけだ。

住人たちが幸せに暮らしているのが、大家の価値だと言っていい。大家とはそういう職能なのだ。大家の人格ではなく、住人たちの多様な人格が賃貸住宅をつくっている、という状態を目指すべきなのだ。なぜなら賃貸住宅は、多様な人たちが暮らすパブリックな場だからだ。

住人によって変化を重ねていくことは、場が育つことと同義である。大家はそれを見守り、変化を続ける触媒となりながら、自分自身も育っていく。そしていずれ自分自身がその場からいなくなっても、場の価値が残るのがいい。自己膨張を目指すのではなく、自分が消えても残る価値を生みだすことを目指すのだ。子育てを終えて親がふっと消えても、子がたくましく生きていくのを願うように。

INTERVIEW

住人と大家をつなぐ “女将”が育むコミュニティ

聞き手：馬場未織

宮田 サラ

株式会社まめくらし／株式会社nest／
雑貨屋「まめくらし研究所」運営

高円寺駅から線路に沿って阿佐ケ谷駅方面に向かって歩いていくと、ふと公園のようにひらけた芝生に出会う。「高円寺アパートメント」の前庭だ。賃貸住宅と1階部分の店舗を合わせて50戸からなる集合住宅の“女将”を務めるのは、株式会社まめくらしの宮田サラ。大上段に構えて住人を統括するのではなく、建物オーナーと住人のパイプ役にひたすら徹するでもなく、住人たちを柔らかくつなげながら居心地を底上げしていく役割を果たしている。

集合住宅の女将の仕事に飛び込む

——高円寺アパートメントの〝女将〟になったいきさつを教えてください。

まめくらしが関わるようになったのは、竣工直前のことでした。デザイン監修のOpen Aの馬場正尊さん（351頁参照）から（青木）純さんに、「設計という仕事は、建物が竣工したところで完成。でも住人たちは、竣工した集合住宅に住み始めたところからがスタート。引き渡し後をどう豊かにしていくか考えた時、この〝無縁の時代〟にあってコミュニティを形成する大事さを理解し共有できるまめくらしに協力してもらいたい」と相談があったのです。私はここに暮らしながら、住む人たちと一緒に暮らしを育んでいく仕事に進んで飛び込みました。

というのも、学生時代からずっと地域やまちづくりに関わる仕事がしたいと思っていたからです。在籍していた大学のゼミでは、学外に飛び出して社会や実業に近い環境で学ぶことが推奨されていたので、いろんな活動をしていたんです。その中で、友人経由で純さんと知りあい、その活動に興味を持ち、都電テーブル向原（3章参照）でバイトをしたり、南池袋公園（4章参照）のリニューアルにも携わりました。2016年3月に純さんが代表をしていた会社に入社したのですが、同時に純さんが大家をしていた賃貸住宅にも入居していたので、コミュニティをつくることの価値を肌身で感じていました。

こうした活動の中で住人が心地よく暮らすためにできることをともに暮らしながら考えてみたい、という思いはずっとあったので、高円寺アパートメントの女将になるという話が持ち上がった時に

INTERVIEW

躊躇はありませんでした。むしろ、入社して間もない私を信頼してそういうチャンスを与えてくれたことがとても嬉しかったです。

——女将としてどんな仕事をしているのですか？

住人さんや地域の方々との日々の関わりあいをつくるのが主な仕事です。住人さんと話をしたり、一緒に不定期でイベントを開催したり、大家であるジェイアール東日本都市開発との連絡役を担ったり。コミュニティマネジメント業といっても、毎週のようにイベントなどを企画しているわけではなく、この場所はもう少し緩やかな関わり方の方が合っているので、楽しくて疲れない頻度や方法を探っています。

２０１７年４月に入居して翌月に、アパート１階前に広がる芝生で「同じ釜の飯を食べようの会」を開きました。参加表明制にすると参加のハードルが上がってしまうので告知のみとし、お茶碗とお箸を持ってきてくれれば気軽に参加できる体裁にしてみました。とはいえ、当日住人さんが来てくれるのか直前までドキドキしていましたね。何しろ入居者はお互い誰の顔も名前も知らない、まっさらな状態でしたから。でも蓋を開けてみれば27人も来てくれて、すごく嬉しくて安心しました。

また、参加されていたご夫妻と親しくなり、アパート1階で雑貨店と建築事務所を経営する旦那さんと当時は広告代理店で働いていた奥さんとイベントを企画する話で盛り上がりました。そして7月に高円寺アパートメントを地域の方々に紹介する「おひろめマルシェ」ができたわけです。私だけがシャカリキになるのではなく、地域に暮らしをひらいていくことに興味のある住人さんを見つけてともに企画したり、住人さんから持ち上がった企画を支える、というスタンスでいるのが女将の役割なんじゃないかなと思っています。

住人が無理せず緩やかにつながるコミュニティ

――若くして女将という立場を担うのは大変ですか？

ボスである純さんはリーダーシップの人で、みんなに配慮しながら場の空気をつくり、信頼を集めていく大家ですが、私は住人さんたちより若いので自分なりの方法を見つけていこうとしています。しっかりしすぎると生意気にも見えてしまうし、若いゆえに舐められるかもしれない。でも、いろいろ考えすぎて自然にふるまえなくなるよりも、住人さんに助けてもらいながらありのままの自分でやっていく方がむしろくつろいだ場ができるのではないかなという直感はありました。

そういうスタンスでいいんだろうなと思えたのは、入居後初めての秋に、住人さん向けのご飯会を開いた時です。外向けのマルシェなどではないこうしたイベントはあまり丹念に仕込まないで緩い感じでやろうと思っていたのですが、その気楽さからか思ったより多くの住人さんが参加してくれた一方、夜の芝生は想像以上に暗いという無計画ゆえのハプニングもありました（笑）。幸い、住人さんが照明を持ってきてくれて助かりました！この時、企画側・参加側という垣根をうんと低くして溶け合う感じがいいなあと感じました。

このご飯会では、みんなでおしゃべりをしながら夜が更けていくなかでお互いの家の話で盛り上がり、なりゆきで「お部屋の案内ツアー」が始まりました。お互いの部屋を見せあいっこして、いいアイデアを紹介したりアドバイスをしあったんです。入居後まだ日が浅い時だったので、これをきっかけにそれぞれの住人さんがお互いの部屋に遊びに行く関係になっていきました。

――楽しそうですね！50戸あるアパートでの関係づくり、難しそうに感じますが。

私も最初、まったく知らない50世帯と向きあうのは大変そうだと思いました。ただ実際やってみると、50戸の気楽さというのもあるんですよね。イベントをしても、行かない住人さんが少数派にならないわけです。同調圧力が働かず、関係をつくりたければつくることができる、という選択肢があるのは、自由さがあっていいなと思います。

間取りが2ＬＤＫということもあり、50世帯のうち子育て世帯が13世帯で、あとはほとんど2人世帯という内訳になっています。ただ、関係づくりを進めていこうとすると、往々に子供がいる世帯にフォーカスしがちになるので、子供がいない世帯の関わりしろをつくることも大切にしたいと思っています。どんな家族構成の人でも、単身者でも、気兼ねなく入れる余白をつくりたい。孤独な人がいない環境をつくる、ということを大事に考えています。

――高円寺アパートメントに〝女将〟がいることで、どんな環境がつくれていますか？

1階に店舗と芝生があるので、住人同士で顔見知りになる機会はある方だと思います。そこからもう一歩踏み込んで、家を行き来するような親しい関係性ができているのは、〝女将〟という職能の人間がいるからかもしれないですね。

「一緒に朝ご飯を食べようよ」という朝活や、「今からお昼を食べない？」というお誘いもよくあります。何もない週末に誰かの家に行って、一緒にご飯を食べるだけという（笑）。ちょっとしたことだけれど、これがとても楽しくて。もし通いの女将だったら、こうした機会はきっとつくれない。日常をともにしてこそ環境の細やかな部分まで把握できるし、気軽に声をかけられる存在にもなれるんです。

また、地域の方々とつながりあえればという思いから、たまにこの場所を地域にひらくイベントを開催していますが、このことで〝高円寺アパートメント〟という名が浸透し、「ああ！あの高円寺アパートメントの住人さんね」と言われるようになっているそうです。家が地域の中での肩書になり、自分自身のアイデンティティになっていく。そうなると、住むこと自体がさらに能動的に楽しめるようになっていくんじゃないかなと思います。

住人と女将は自立しながら支えあう仲間

――住人さんとの関係の中で、印象深かったことはありますか？

ぱっと思い浮かぶのは、住人さんの結婚式に呼ばれたことです。式場に、親戚の卓、友人の卓、と並ぶ中に「高円寺アパートメントの卓」というのがあって（笑）。人生の大事な瞬間に呼んでいただけるような関係ができていたんだなあ、と本当に嬉しかったです。司会の方に、「普段のお二人はどうですか？」と聞かれて、私が答えるんです（笑）。それくらい、お互いの日常を知りあっていたのだと改めて気づきました。

それから、小さな子供を持つご家族から、災害時の「保育園お迎え代行カード」を受け取っていました。緊急時にご家族が駆けつけられない時には、カードを持つ私や他の住人さんがお迎えに行けるセイフティネットです。表面的なコミュニティではなく、子供の命を預けたり預かったりできる関係があることで、安心して子育てができますよね。その役に立てているのだとしたら、女将冥利に尽きますよね。

――運営をするなかで、難しいと思うことはありましたか？

私はオーナーと住人の間にいる存在なのですが、住人の立場に寄りすぎて空回ることがたまにあります（笑）。中立的な立場に立たなくてはならないのですが、住人にとっていかに住みやすいかを考えすぎてしまいがちです。オーナーサイドの気持ちもしっかり汲み取りながらも、暮らしやすい住まいを考えていかないとと思っています。

それから、このアパートの企画の初期段階から関われていなかったことで、〝女将〟なるものが出現するプロセスが住人と共有できなかったのが残念でした。入居募集の段階では、住人同士の交流機会をつくることや地域の方々にひらく場にしていくことははっきり打ち出していなかったため、重荷に感じる住人さんもいたかもしれません。そんな温度感からの出発ですから、無理はしない、させないことを最優先で考えていました。

シェアハウスのように住人同士ががっつり関わりあうという雰囲気ではなく、それぞれの住戸があり、集まる機会があり、来たくなければ来なくていい、興味があれば顔を出してもらえればいい。それくらいの軽やかさで距離感を自分で選べるので、参加してみて楽しいと思った方は毎回来てくれる一方で、これまで一度も交流がない住人さんも中にはいます。ただ、それでも7年間住み続けてくれているわけですから、それなりにこの場を心地よく思ってくれているんじゃないかなと理解しています。

他の賃貸住宅と比べても、ここはとりわけ退去数が少ないようです。また、物件の価値が新築時よりも上がっているらしく、家賃が値上がりしているにもかかわらず募集をすると何組も内見に来られます。ここで暮らすことの価値が理解されているのだとしたら、ありがたいですね。

——今後、女将として願うことはありますか？

高円寺アパートメントについて、今後どのように関わりながら運営をしていくのかは、悩んでいる部分です。今のところ離れる予定はないですし、この場所で子育てをしたいなと思える住まいなので、私自身もアパートでの暮らしを続けていきたいと思っています。ただ、何十年も女将として私が関わり続けるというよりは、女将という役割を住人さんたちで分散したり、二代目女将を育ててバトンを渡していくことも考え始めています。1〜2カ月に一度くらいのペースで、お餅つきやビアフェス、流しそうめん、忘年会など楽しい企画を進めているなかで、なるべく自分が先導するのではなくて、関わりたいという住人さんたちで役割を分けあいながら進めるように意識しているんです。自分はあくまでサポートで、住人さんがメインとなり、自立的にコミュニティが維持できればいいですよね。とはいえ、女将という役割は必要だと思うので、関わり方については次の展開も考えていきたいです。

女将には、仲間がいます。大家さんという仲間、住人という仲間、そのどちらも欠けてはならない存在です。決して孤独な仕事ではありません。大家さんにしても、自分の物件のコンセプトづくりから募集まですべて自分でやるよりも、またすべて他人任せにするよりも、仲間とともに同じ目的を持って歩んでいく方がより心強いと思うのです。だからぜひ大家さんは、女将のような仲間を巻き込んでもらえればと思います。

INTERVIEW

自分たちの手で まちを動かす マイクロデベロッパー

聞き手：馬場未織

漆原 秀

VMV合同会社代表社員／株式会社館山家守舎共同代表

大家の学校の第2期生だったウルさんこと漆原秀さんは、千葉県館山市で「マイクロデベロッパー」として活躍している。自身の感性に合う個性的な物件を見つけたら、放っておかない。彼のまちづくりの特徴は、手掛ける物件の量ではない。一つ一つの物件に注ぐエネルギー量、そして仲間の多さだ。そんな彼のもとには夢と情熱を共有する仲間が集い、ともに館山のまちをつくる大きなうねりができている。それが新しい住人を増やす原動力になっている。

小さくても人の心に刺さる不動産をつくる

――マイクロデベロッパーとして館山でどんな仕事を手掛けていますか？

２０１７年４月から「MINATO BARRACKS（ミナトバラックス）」という集合住宅、２０１９年６月から２０２３年３月までは「tu.ne.Hostel（ツネホステル）」というゲストハウス、そして２０２０年３月から「永遠の図書室」という私設図書館、２０２２年11月からは館山家守舎で「sPARK tateyama（スパークタテヤマ）」を運営しています。

実際に自分たちの手を動かしてまちを少しずつ変えていくマイクロデベロッパーの醍醐味は、組織規模は小さくても人の心に突き刺さる不動産をつくりだすこと。そして何よりまちづくりに関わる自分や仲間が人生を心から楽しめること。まちも自分もこうありたいなと思っていた様子に近づいている気がします。

――大家業という現在のお仕事を始められたきっかけについて教えてもらえますか？

学生時代に起業したり、ウェブマーケティング会社を立ち上げたり、いろいろな仕事をしてきたのですが、２０１５年に青木純さんの書いた『大家も住人もしあわせになれる賃貸住宅のつくり方』という本に出会い、こんな考え方の大家さんがいるんだ！と衝撃を受けました。純さんのような大家業を営みたい。そう思っていた矢先、親のためにつくった館山のアパートの裏手にあった築38年（当時）の元官舎が、民間放出されるという話を聞きつけました。これは自分の夢が実現するチャンスかもしれない、改装自由な集合住宅にして低廉な家賃で貸せばきっと喜ばれるに違いないと確信し、関東財務局の一般競争入札で、この元官舎を手に入れました。2016年夏のことです。そして年末には、東京の家を引き払い、館山に完全移住しました。「ミナトバラックス」という集合住宅の大家として、館山に真正面から向きあい始めたのはこの時からです。

集合住宅を地域にひらく

——ミナトバラックスの運営は、どうですか？

楽しいですね、思った以上に。特にファミリー世帯の子供たちが元気なのが嬉しいです。その筆頭が自分の娘で、都会っ子が体験しえないことが起こる日常に身を置いています。みんなでバーベキューをしたり、気の置けない住人同士で集まってご飯を食べたり。1階部分につくったウッドデッキがちょうどよく外にひらけた場になっていて、住人たちが自由に企画を立てて外の人も気軽に訪れます。「旅人と住人が交差する場」というのは、内向きな場よりも愛着が生まれるんですよね。

ぶっちゃけた話、ミナトバラックスのイベントでは、純さんの企画するイベントの仕様を完全にコピーすることから始めました。僕は2017年春に大家の学校を受講したんですが、そこで純さんのずるい写真をいろいろ見る機会があったわけですよ。夏祭り一つとっても、夕闇に連なる提灯が素敵でずるい、はためくガーランドがずるい、みんなの楽しそうな笑顔までずるく見える（笑）。ずるいと思うくらい羨ましいことを徹底的に真似をしていくと、大きな学びがありました。

——実践から学ぶことが多いのですね。

たとえば、ものの本には「地域にひらく」「1階部分をひらく」なんて書いてあるけれど、それは本当に住人が求めていることなのかどうか。ミナトバラックスも当初は「1階にカフェがあるといいらしい」とテナント募集をしましたが、これは企画倒れ。そんな時、「出張カットをする美容師さんを呼んでもいい？」と住人に打診され、受け入れてみたのをきっかけに、この部屋は住人が自由に溜まれるシェアリビングになっていきました。住人の声を傾聴することから、本当に幸せな空間は生まれるんですね。

ゲストハウスを4年で事業承継する

――次に手掛けられたのは、ゲストハウスのツネホステルですよね。

そもそもツネホステルを始めたのは、車を持っていない若者が1人でさくっと泊まれる宿が館山にはない、と気づいたのがきっかけです。ふらりと訪れた人が自分の足でまちを巡れるように、館山のまちの情報を伝えてくれる関係案内所のようなゲストハウスがあれば、まち全体をもっと広く深く楽しく使い倒してもらえるだろうと。

――ツネホステルが地元の人たちに受け入れられたきっかけは何ですか？

当初は自分が毎日フロントに立っていました。結果的によかったのは、商店街の人たちがやっと認めてくれたこと。地元の人たちにとってよくわからない移住者だった僕が「ツネさん」と屋号のように呼ばれるようになりました。

また、2019年にオープンしてから間をあけずに隣接して公園をつくり、仲間の飲食店開業を隣地に誘ったのは、旅行者だけでなく地元の人たちも集える場所にしたかったから。飲み明かして帰れない日の宿として使ってもらったり、「館山で泊まる場所?ツネに行ったらいいよ」と紹介してもらえるようになりました。ゲストは外国人旅行客が3割を占めます。彼らは「東京からこんなに近くてこんなに素敵な場所はない」と言ってくれます。

――そんなツネホステルを事業承継したのは、なぜでしょうか?

「このまちを元気にしたい」という目的を果たすためには自分で事業をつくって育てられる人を増やすことが必要だと考えたからです。いちから物件を開発してできたものを自らの事業としてやってみた後、それを丸ごと事業承継し、自分は大家として関わるというのはいい循環に思えています。むしろいろんな人が関わって事業をつくるのが面白く、僕しかできないことだと考えるようになったんですよね。

事業承継マッチングサイトでご縁があり、館山に移住してきた山田祐稔くんは僕より19歳若いです。実は山田くんには入社が決まった段階で、大家の学校9期を受講してもらいました。彼は受講中に成長して、事業承継にぶれがなくなっていきました。大家の学校がインストールされた彼だからこそ、安心して任せられるんだろうと思います。

――次に「図書館」をオープンしたのはなぜでしょうか?

ホステルと同じ道沿いに10年前から気になっていた物件なんです。「たぶんあなたが買わないと更地になっちゃうでしょう」と不動産屋から言われたのをきっかけにレスキューすることを決めました。建物全体を「CIRCUS(サーカス)」と名づけ、

1階は図書館、2・3階はシェアハウスを運営することにしたのですが、それには訳があるんです。内部に入ってみたら残置物だらけ。なかでも膨大にあったのは、戦争研究をしていた元所有者の残した書籍でした。

1階の図書館は「永遠の図書室」と名づけ、資料も空間も一般公開したところ、地域の文化人たちにも注目され始めました。シェアハウスはクリエイターのチームに丸ごと貸し出す準備中です。

拠点づくりから、まちづくりへ

——地域に根ざした拠点づくりを進めるなかで、まちづくりに携わるようになったきっかけは何でしょうか？

ツネホステルのシンボルカーだったトゥクトゥクで市内を走りながら人通りの少ない駅前のシャッター商店街を見ると、子供たちに「この地域で未来を感じなさい」とは、正直言えないなあと思っていました。館山はいいまち、と誰もが言うけれど、それは表面的総論であって、実態としては衰退しているからです。

そんな館山のまちをどうにかしたいという思いが初めて形になった場は、2018年夏に館山に純さんを招いて開催した「大家の臨海学校」でした。JR館山駅前のサカモトビル（房州第一ビル）のオーナーとつながったことを純さんに相談したところ、ビルの活用を地元の人と検討する1泊2日の合宿企画を自分も行くからともにやろうと提案してくれました。全国から大家の学校の受講生たちと、地元の仲間たちが参加してくれました。あるのは熱い思いだけという地元の仲間たちと僕は、純さんに、それぞれの当事者意識を引き出され、一晩でチームが組成されました。その後、彼らと連日、まちの課題について語りあいました。これを拡大し、「たてやま『里まち』企画編集サロン」というグループを立ち上げ、館山を変えていきたいという熱が徐々にまちに伝播していきました。

僕たちの願いは、館山でのリノベーションスクール開催でした。市の予算はつかず、幾たびも心が折れそうになりましたが、2019年1月に純さんの講演会を開いたところ220人もの参加者があり、市民のまちづくりへの並々ならぬ意識を感じとった市の関係者にギアが入りました。そして1年後、地元の高校生をも巻き込み、館山駅周辺の遊休施設の活用事業を考える「リノベーションスクール@館山」が、ようやく実現しました。この時、純さんが館山市長のいる場で「館山駅前は駐輪場であってはならない、みんなが集える場所になるといい」と熱く語ってくれたことで、本当に駅前の駐輪場が取り払われました。この流れが、館山駅前に「sPARK tateyama」という民間運営のパブリックスペースができるきっかけになったんですよ。

——駅前の空きビルが、とうとう民間運営のパブリックスペースになったのですね！

2021年2月に開催された2回目の「リノベーションスクール@館山」でSPEACの吉里（裕也）さんらと「このリノスクの会場になっている館山駅前のサカモトビルをなんとかしよう」という話がぐいっと進んで「sPARK tateyama」の企画が実現したんです。リノスクのユニットメンバーが館山家守舎の設立メンバーとなり、設計は吉里さんにお願いでき、翌年、オープンにこぎつけました。

何より大きかったのは、このビルの地権者である本間裕二さんにスイッチが入ったことです。それまでは「地元にいろいろ言われちゃいそう、大変そう」と腰が引けていました。実際、地方はステークホルダーが多いから大変で、地元生まれの本間さんは様子見していた感じでした。彼が館山家守舎の代表になることをためらっていたため、「僕とともに共同代表になろう」と伝えました。

――sPARK tateyamaができて、地域にはどんな変化があったでしょうか？

かつて栄えていた駅前にあるデパートだった旧サカモトビルにかけがえのない思い出を持っていて、そこにアップデートされた賑わいが生まれていることを純粋に喜んでくれる人が増えてきているとも感じています。また、sPARK tateyamaでの交流の中で「自分にも出番がありそう」と感じて移住してきたニューカマーたちがざっと10人以上いて、日常的に顔を見せていることが、地域の理解にもつながっているように思います。

一方で、マルシェの賑わいを見て「移住者たちがガチャガチャやってる」なんていう地元の声も聞こえてきて、正直悩んだ時期もありました。そんな時「コミュニケーションを諦めない」「状況から日常をつくっていく」という純さんの言葉が心の支えになり、信念をもって踏ん張れました。これからは〝脱マルシェ〟がテーマです。お金を払って買うという受け身な関わり方だけではなく、見知らぬ同士で顔を合わせて体験することで笑顔になれる場に変えていこうとしています。

実は、株式会社館山家守舎としては、この1年で資金ショートとなり、経営と運営を分離することにしたんです。僕らはなぜ始めたのか、なぜやっているのか、どこへ向かうのか、という議論を何度も交わしました。その際に、僕らが出会った第2回リノベーションスクールのプレゼン資料を見直してみたんです。当時は熱い男たちの集まりでしかなかった。でも振り返れば、「sPARK tateyamaをつくります」と宣言したことが実現できたわけです。株式会社にしたことでむしろ当事者意識が曖昧になってしまったので、地域の仲間としてやり直そうという合意に至りました。ニューカマーの居場所と出番をつくること。迷ったら原点回帰して過去・現在・未来の3点で見つめ直すこと。この二つが大事だと、今強く感じています。

――最後に、ウルさんの夢を教えてください。

サラリーマンをしていた頃の僕のモチベーションは、功名心とお金、だったと思います。それが枯渇していくのを自覚する時、怖かったのは、娘に「パパの夢は何?」と聞かれることでした。

今は、自分の夢が地域の夢と重なっています。館山の奇跡を起こしたい。実は今後の予定が目白押しです。最近sPARK tateyamaに隣接するビルを買い、近々飲食店を開店します。また「マイクロデベロッパー養成講座」を開講して不動産投資とまちづくりを両立する方法を伝えていこうと考えています。

大家の学校で講師を務める安藤勝信さんと話をした時に、彼が「球場でどんな役割を果たしたいかといえば、僕は土になりたい」と言っていました。僕もまったく同じです。これまでプレイヤーとしてもいろいろやってきて、今後はプレイヤーが集まって力を発揮できるフィールド、土のような存在でありたい。さらに、プレイヤーの自己犠牲で成立するのではない、永続性を担保できる経済的な裏付けも考えたしくみづくりをしたい。

マイクロデベロッパーとして館山に奇跡を起こすという夢は、子供たちに残したい未来をつくることと同義です。だからもう、娘に自分の夢を聞かれても、怖くありません。

2章　家をひらく

青豆ハウス

1 大家業の未来を懸けた土地

父から受け継いだ練馬の土地

不得意な大家業を継いだ父が特別な思いを馳せる土地があった。練馬区平和台に所有している土地で、ハウスメーカーの古いアパートが建っていた。父は折りに触れてこの土地の未来について語っていた。あんなものが建てられればな、こんな有効利用はできないか、と。そんな時の父の顔は、いつもとは違う明るさをたたえ、今よりいい未来が訪れることへの期待で言葉が弾んでいた。

ちょっとした偶然なのだが、妻の千春は、僕と出会う前にこの平和台のアパートを見にきたことがあったという。音楽学校の寮を出て一人暮らしをすることになった彼女は、叔母と一緒に物件を探していたそうだ。当時の平和台にはまだ地下鉄も通っておらず、どこまでも住宅地が続くだけで他に何もない、どこともつながっていない、いわば陸の孤島だった。

結局、ピアノを置く場所がないという理由で彼女が住むことはなかったが、その後、僕と一緒にこのアパートを訪れた時、「あれ？ここ、来たことがある気がする……。そうだ、2階の角部屋を見にきたことがある！」と当時の記憶が蘇った。「これは何かの縁かもしれないね」という話をしながら、それでもまだ他人事のように2人でアパートを見上げていた。その後、ここに僕たちが暮らすことになろうとは、ゆめゆめ思いもせずに。

古くくすんだアパートが建っているこの土地の目の前には、広い区民農園が広がっていた。視界を遮るものはなく、練馬独特ののんびりと清々しい空気に満たされていた。それなのに、このアパートは、なぜこの位置に建てたのかわからないというほど日当たりが悪かった。

それでも、いや、だからこそ、「ここには大きな可能性がある」と、僕は直感した。不動産の仲介・情報サービスを手掛けていた頃の僕は、その仕事にやりがいを感じつつも、何とも言えない虚しさに蝕まれていく感覚があった。「人や建物と僕自身がしっかりとつながる〝実業〟をしたい」という思いが一気に膨らみ、会社を辞めて大家業を継ぐ決意をしたのは、きっとこの土地のことが頭にあったからだと思う。この、冴えないアパートの建つ、ただ広いだけの漠然とした土地に対し、何の確信もないまま、未来への手

青豆ハウスに建て替える前のアパートを農園から望む

応えを見出していたのだ。

立ちはだかる業界の前提

退職直前の2010年には、これから受け継ぐ家業の大きな柱となるであろう、この土地の活かし方を検討し始めていた。ちょうど息子が3歳の時、東日本大震災の直前でもあった。

土地の活かし方を検討する上で足掛かりとなったのは、父の言葉だった。「この土地ではなあ、大型犬を飼える家がつくりたいんだよ」「庭には足洗い場があるといいと思うんだ」と話す父は、それはそれは楽しそうだった。一緒に旅行に出かけても、平和台で実現したい夢の話ばかりしていた。大家業が好きでも得意でもない彼が、それでもこうして夢を語れる土地。この土地だったら、もっと幸せな大家の形を追求できると感じていたのかもしれない。

まず手始めに、「大型犬の飼える賃貸」の可能性を探るべくハウスメーカーにヒアリングをかけていった。どんなニーズがあり、どんな設計が可能なのか。ただ、そうした情報を集めるにしたがって、具体化に向けて夢が膨らむどころか気持ちがどんどん冷めていった。なぜなら、ハウスメーカーが賃貸物件のオーナーに対して行うプレゼンテーションには〝その物件をいかに金融商品として価値あるものにするか〟という視点しかなかったからだ。

住人を幸せにすることを真剣に考える大家など、想定していない。この人たちと話を進めても、父の夢はきっと叶えられない。さっさと見切りをつけようと思いつつも、業界の体制や価値観といった越えられない壁の高さがわかってしまう。「まあそうは言ってもこれまでの業界の前提はそうそう変えられないよな」と諦めかけていた
そんな時、東日本大震災に見舞われた。人間の築いてきた〝絶対的な前提〟があっさりとひっくり返される事態を、目の当たりにした。

前提を鵜呑みにして、何の意味がある。

今、本質に向きあわないで、何の意味がある。

僕は自分に、強くそう問いかけた。

集まって暮らす豊かさを価値に変える賃貸住宅とは

震災後、僕は平和台の土地活用について、相談相手を変えることにした。自分が欲しいと思った暮らし方を、率直に話し、議論し、新しい価値観を生みだせる相手がいいと思ったからだ。

以前『リノベーション物件に住もう！』という本を読み、リノベーション業界の人の思考回路に深く共感したことがあったので、このタイミングで、その本の著者であるブルースタジオの大島芳彦さんにこの土地のことを相談した。「大型犬が飼える賃貸住宅がつくりたい。住人のライフスタイルへの希望を満たす、そんな賃貸がつくりたい」と希望するイメージを伝えると、大島さんはじっくり話を聞いた後に、こう言った。

「〝大型犬が飼える賃貸〟は、結果として表れてくるものでしかないはず。その条件を、計画の入口に据えるのはやめようか」。大型犬と暮らすライフスタイルを標榜する仲間が集う賃貸集合住宅を想像してみよう。楽しい時間を過ごしているシーンが思い浮かぶだろう。ただ、もし一つボタンを掛け違えたら、その強い思いを持つ住人同士がぶつかりあってたちまちギスギスすることもありうる。

「つまり、〝大型犬が飼える〟といった細かい設定をするのではなく、もっと大らかに、〝集まって暮らす豊かさ〟そのものを提案する賃貸住宅にする方がいいんじゃないかな」。大島さんのその言葉で、賃貸住宅のイメージがぐいと押し広げられた気がした。

僕は改めて「集まって暮らす」ことについて考えてみた。集まって暮らす豊かさは、自分の興味だけを叶えたいという住人の集合体ではきっと生まれない。それは〝他者と暮らす〟ことを受け入れ、つながりあう、自立した個人同士の関係から生まれるものではないかと思う。

たとえば「犬を飼ってもいい」というのは、一見とても自由なことのように思えるけれど、実は住人にも大家にも大きな責任を伴う。つまり、犬を飼わない人も飼う人もお互いに違いを認めあえる関係と環境をつくりだす必要があるからだ。そういう関係と環境をつくりだせれば、個々が自由に自分の暮らしを謳歌しながら、つながりあうことで倍増する豊かさもきっと手に入れられる。自由は自立と表裏一体なのだ。

もちろん、大家の役割も重要だ。不労所得のように家賃収入を得る大家のもとでは、豊かな暮らしは決してつくりえない。住人の暮らしを支えながら、自分も楽しみながら、地域の共同体の核となるような集住状況をつくる。それを実現する仕事が本来の〝大家〟なのだと考えた。

そう考えるに至ったのは、やはり東日本大震災の経験が大きい。人はつながりあって暮らしていく必要がある。そして人は突然つながることはできない。普段から他者と関わり暮らす状態をつくること。それが、大家として生きることを決めた僕にとっては、この仕事の正義のように思えた。

そして、自分が本当に大切にしたいことを見つけるために、まっさらな状態から考えてみようと思った。「平和台の土地に関しては、もう前提条件はすべて外します。現在、容積率最大で東向きに建っている羊羹型アパートをリノベーションしてもいいし、新築を建てても構わない。この土地が一番喜ぶ方法を探したい」と、ブルースタジオに設計を依頼したところ、ハウスメーカーでは絶対に描けない絵を出してくれた。これが、今僕たちが暮らしている〝青豆ハウス〟の出発点だった。

2 集まって暮らす価値をデザインする

物件ではなく、物語をつくる

ブルースタジオから提示されたスケッチは、建物というより林床にヨロヨロと生えてきたキノコみたいに見えて、正直ちょっと戸惑った。2階のデッキはどこまでが住戸の庭でどこまでが共有スペースかわからない。各住戸の敷地の境界もよくわからない。もっと言えば、この住宅が素敵なのかもわからない。マイペースに過ごす人々がたまたま居合わせているまちの1シーンのようだった。

「素敵な家を手に入れた住人たちが見栄を張りあうことを、青木さんは望んではいないんじゃないかな。これまで青木さんは、カスタマイズ賃貸からコミュニティが生まれるという柔らかな状況をつくってきたと思う。そんな青木さんだからできることをやろうよ」と、大島さんは穏やかに言った。

そうか、やってきたことをやればいいのか。

知らないうちに僕は、肩に力が入っていたのかもしれない。不動産業界にある旧態依然とし

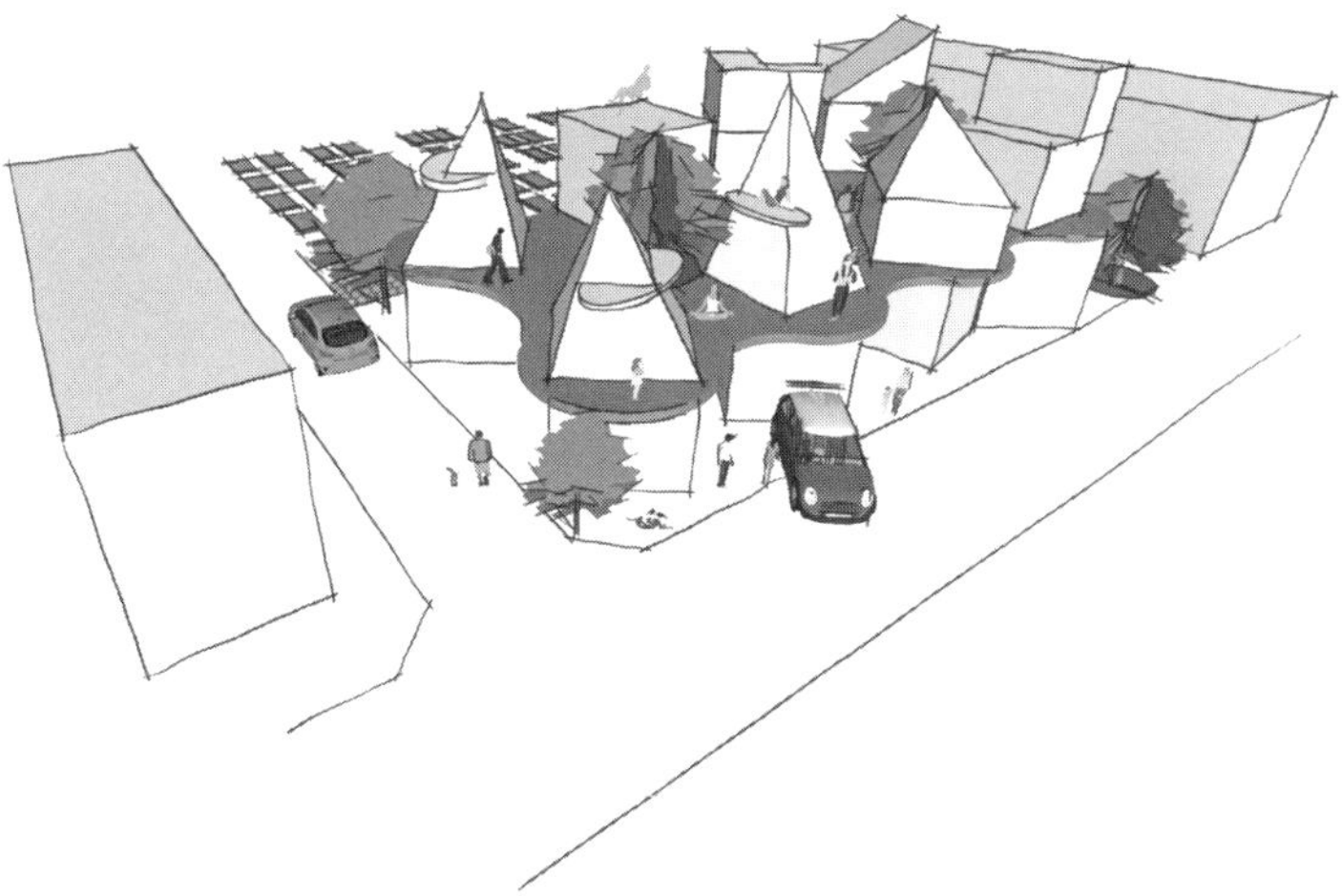

ブルースタジオが提案してくれたスケッチ（画像提供：ブルースタジオ）

左から、設計を担当してくれた、ブルースタジオの大島芳彦さん、薬師寺将さん、吉川英之さん

た価値観を打破したい、住人にとって幸福な賃貸住宅をつくりたい、と意気込むあまり、自分の感覚を置き去りにしていた。「青木さんだからできること」は、自分の感覚に寄り添うなかで生まれてくるはずだ。まだ見ぬ理想の物件を一生懸命考えようとしていたことを止め、思考の矢印を自分に向けた瞬間だった。

部屋の内装やスペックに理想を思い求めるのは止めた。最新のものはすぐに陳腐化してしまうからだ。カスタマイズ賃貸のように部屋は住人が常に編集できればいい。それよりも今まで自分が一番大切にしてきた、コミュニティの醸成に重きを置くようになった。その結果、検討に時間を一番費やしたのは中庭だった。中庭を中心に1年以上議論を重ねて、僕らは次の四つの考え方を導きだした。

①…コミュニケーションがごく自然に生まれる距離感
②…住人同士の地域との境界線を低く緩くする
③…時間の蓄積を価値と感じられる素材を使う
④…自分たちで育てることのできる手が届く余白をつくる

大島さんや設計に関わる皆さんと、これを青豆ハウス全体の設計思想として認識を揃えることができた。このことが青豆ハウスの価値を最大化できたと言っても過言ではない。

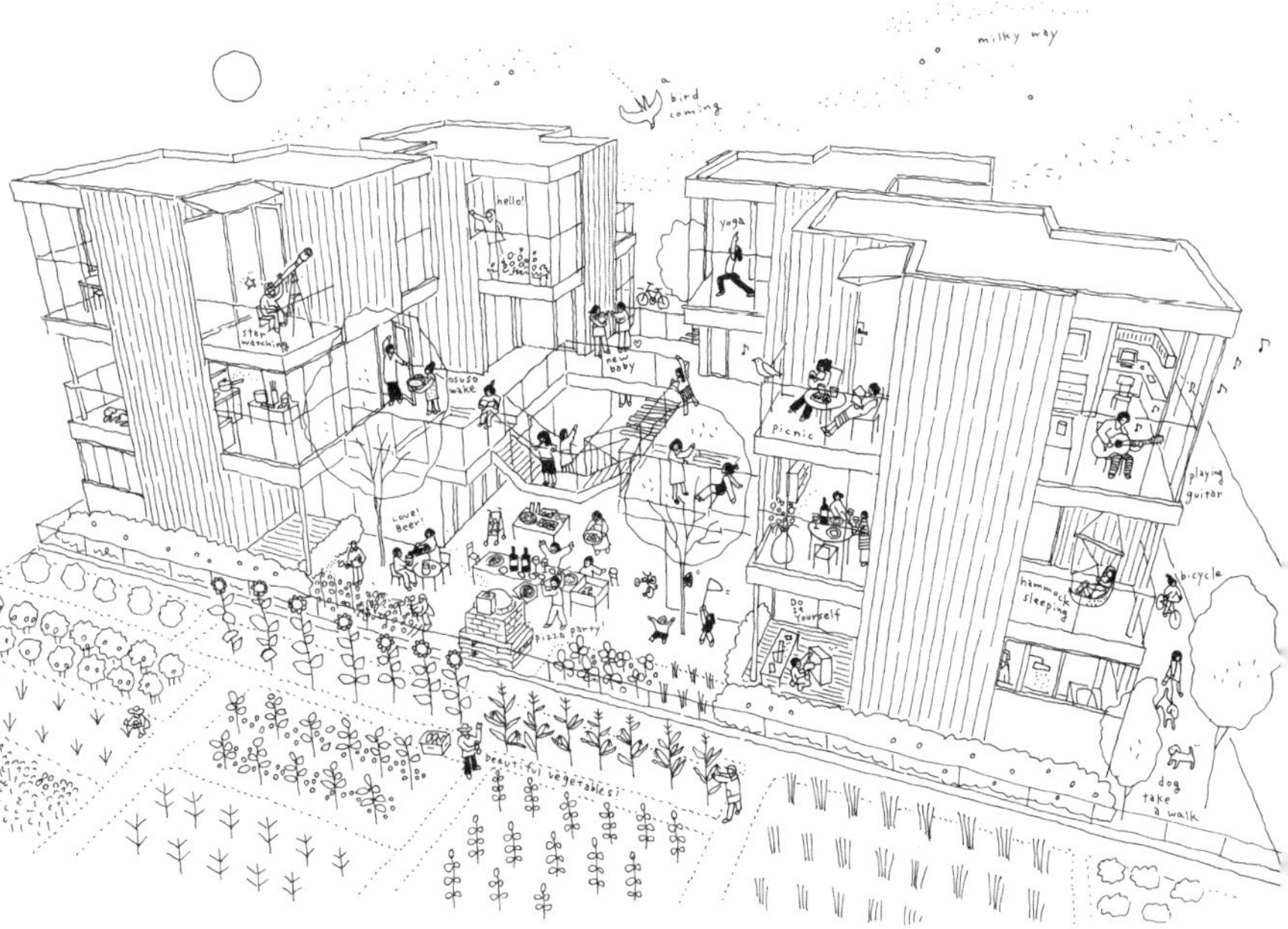

素描家しゅんしゅんが僕らの日常の物語の議論をもとに描いてくれたドローイング

もう一つ、この頃決めたことがあった。それは「物件ではなく、物語をつくろう」というスタンスだ。物件という箱ではなく、青豆ハウスを舞台に繰り広げられていく日常の物語だ。

映画をつくるように、家をつくる

こんな風に皆でディスカッションしながら住宅の設計を進めていく作業は、何だか映画をつくっているようだった。映画制作チームにたとえるなら、僕は監督という立場になるんだろう。チームには他にもいろんな仲間に関わってもらわなくてはならない。このプロジェクトのデザインチームは、こうして立ち上げられた。

すでに複数のプロジェクトでCIやVIを手掛けてくれて絶大な信頼をおいていたHOUSAKUinc.の土屋勇太くんも当初から関わってくれた。彼がいなかったら文字通り〝青豆ハウス〟はできなかっただろう。というのも、大島さんからこのプロジェクトの名称を暫定的に〝あおまめハウス〟とつけられた時、正直しっくりこなかったからだ。あおまめハウスってなんだ?真面目に考えてほしいよな……。「ジャックと豆の木のようにどんどん上に伸びていけばいいじゃない、青木さんマメだしさ」と言われてますます萎えた（笑）。

土屋勇太さんがデザインした青豆ハウスのVI

何度も現場に足を運んで成長日記を綴ってくれた石神夏希さん、地鎮祭にて

その後、土屋くんが〝青豆ハウス〟というロゴデザイン案を持ってきてくれた。〝青〟は土に芽が出てすくすく育つ様子、〝豆〟は受け皿という意味があるらしい。目前に畑の広がるこの土地で家も育ってしまうという、欲しい未来にぴったりの名前に見えてくるじゃないか。〝入居者を募集して8軒埋めていく〟感覚ではなく、理想の家をみんなと一緒につくるイメージがちゃんと芽吹いた気がした。

青豆ハウスの物語を成長日記として紡いでくれたのが、石神夏希ちゃんが記してくれたブログ「そらと豆」である。家が建っていくプロセスを丁寧に描いていくこの連載は、僕ではなく彼女が語る必要があった。豆が芽を出し、葉を広げていく様子を観察するような彼女の眼差しは透明で、温かい。これが自然とブログの読者の視線と重なり、物語のファンが増えていった。このブログは入居者を募集するためではなく、「そらと豆」という物語を通して、この家づくりを純粋に楽しんでくれる読者が静かに広がっていくことを望んでいた。

チームでつくるということ

青豆ハウスでは、いわゆる「入居者募集」の広告を打たなかった。それは、8軒の入居者はすぐに決まるだろうと楽観していたからでは決してない。いや、正直に言うと、8軒の新築の空き家を抱えた僕はこの頃、とんでもない恐怖心を常に抱えていた。

融資を受ける書類にたくさんのハンコを押した。もう後戻りできない、となってからは、本当に住人が集まるだろうかと不安が募り、呼吸の浅い状態が続いていた。いよいよ建ち始めたら、何者かによってこの住宅が破壊されてしまう悪夢を見るようになったり、寝る前に外の足音に耳をそばだてて悪いことを想像してしまうこともあった。このプロジェクトも、自分の人生も、どうなろうが誰のせいにもできない。明るくふるまおうが強がろうが、内なる自分の恐怖はこんこんと湧いてくる。もし1人でこの状況に立ち向かい続けていたら、心身を病んでしまったかもしれない。

プロジェクトチームをつくって、僕はいろんな意味で救われた。決断しなくてはならないことに常に追われながらチームの仲間と一緒に忙しく過ごしていると、1人で閉じこもって思い悩む隙間がなくなっていくからだ。新しいことを一つ決めるたびに、プロジェクトの解像度が上がり、できそうな気がしてくるのが嬉しかった。逆に言えば、きちんと考えて決めるプロセスを踏まないといつまでも解像度が低いままだから、不安が先立ち、腰が引けてしまう。不安というのは未知なことに対して抱く心情なんだと妙に納得した。

チームでプロジェクトを進めると、複数人の考えが掛け算されて一気に解像度が上がることもわかった。もし1人きりで進めていたら、足し算しかできなかっただろう。足して、上書きして、たいして解像度が上がらないと、確信がぐらつき全部消しゴムで消したくなる。本を読んで知識を得ることも大切だが、そうすると本の内容に自分を寄せようとして矢印が一方向になる。でも他人の考えに触れると、矢印がいろいろな方向から向けられるので気づきが倍増しになる。

もちろんいいことばかりじゃない。自分だけで決めて進める方が早いし、ズレも生まれず、ストレスもないはずだ。もっと早く発信したい、もっと強く伝えたい、という僕の思いのままに動いてくれる構造のチームではないため、やきもきすることもたくさんあった。

そんな時も「僕が握りしめない方がいい。手放した方がいい」という直感に従っていた。なぜなら、僕とは違うやり方を持つ仲間を信頼して任せることで結果的にうまくいく、という経験をこれまで何度も繰り返してきたからだ。途中どんなにやきもきしても、だ。

かつて僕は、自分の会社まめくらしの宮田サラ（76頁参照）に「純さん、自分の思惑と違うところからボール

プロジェクトチームで更地になった青豆ハウスの建設地に行き、「100年先の風景をつくろう」と誓う

が飛んできた時に、必死に打ち返すだけでなく、そうだよね、といったん飲み込んでください」と諭されたことがある。自分と同じ直線上にいる人からボールをもらって投げるというキャッチボールではなく、いろんな所にいるいろんな人たちからボールを受け取り、届ける。もしくは、ずっと離れた場所にいる人に自分の想像を超えた飛距離でボールを届けられる。これがプロジェクトチームをつくる意義なのかもしれない。

こんな話をすると、「それは純さんの仲間が優秀だからですよ」とやっかみ半分で言われることがある。確かに才能豊かなメンバーに関わってもらえたことは大きい。ただ、メンバーがどれだけ本気になってくれるかは、自分の弱みをさらけ出せるかによる。僕はこのプロジェクトで大きな借金をして、なかなか冷静になれず、仲間にいろんな不安をさらけ出していた。必死だった。その余裕のなさがみんなの本気を引き出したと感じている。本気の先に、本気の相手が見つかるのだ。必死にならずに、うまくなろうとしたって、結局うまくいかないと思う。

内覧会ではなく、お祭りをする

いよいよ上棟となった時、この機会に近所にきちんと挨拶をしたいよねという話になった。

青豆《あおまめ》ハウス

住む人、集まる人、
みんなで育てる
共同住宅です。

私たちはこれから、
東京の片隅に
「青豆ハウス」という
家をつくります。
8家族が住む、
木でできた大きな家です。
目の前の畑では、
野菜や草花がむくむく育ち
そこらじゅうに
夏の薫りが満ちています。
屋上には都会では珍しく
のびのびとした
空が広がっていて
きっと天の川が見えます。
きっと、そんな風になると
想像しているのですが、
今はまだ
地図にも載っていなくて、
屋根もありません。

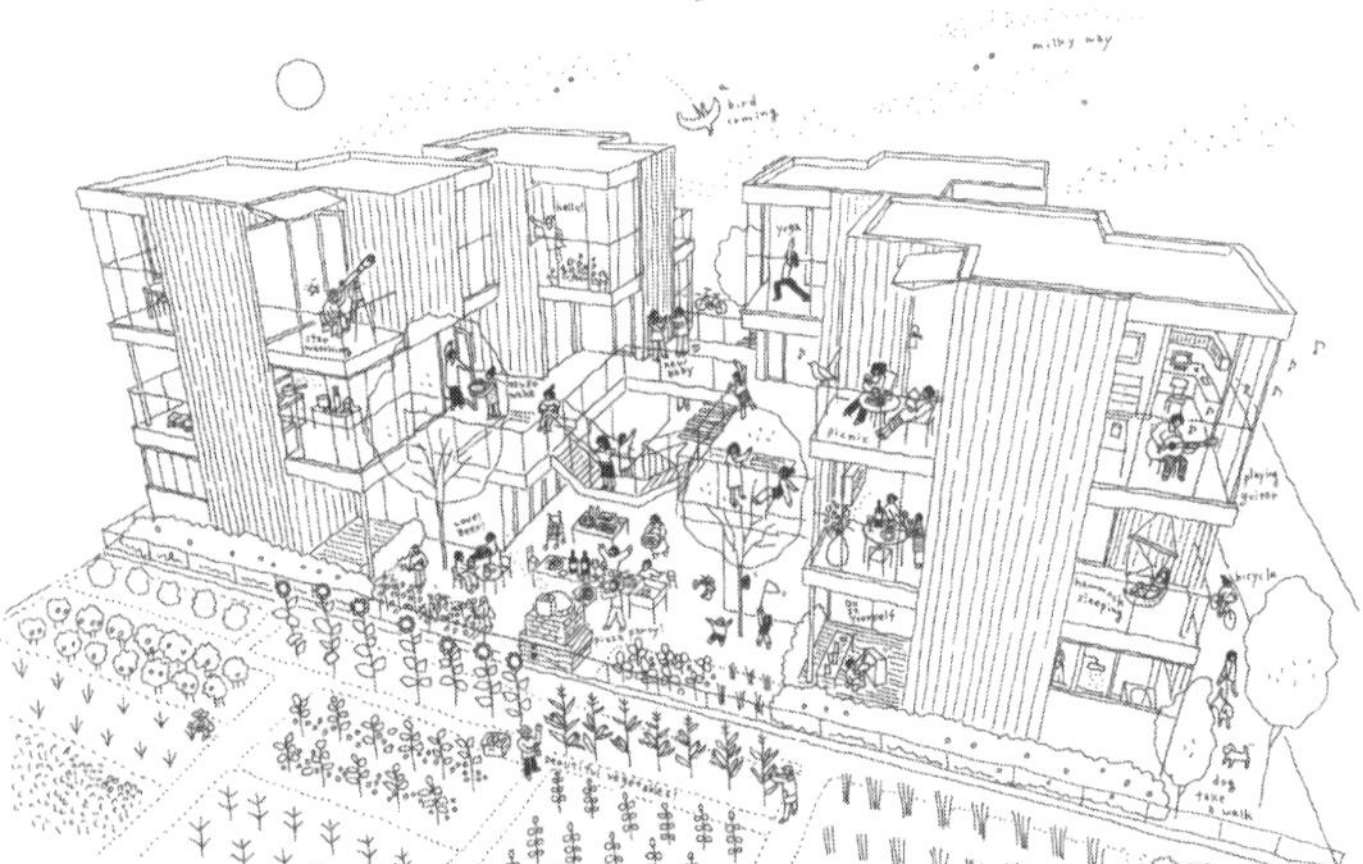

これから一緒に、この家を育ててみたい皆さんや成長を見守ってくださる皆さんをお招きして、上棟式と小さな夏祭りを開催します。どなたもどうぞ、おいでください。

青豆ハウス上棟式イベント

8月3日(土)15:00～18:00　参加費無料

内容：旗揚げ / かき氷 / ヨーヨー釣り / 人形すくい / きりっと冷えた生ビールなど
※ お子様連れ、浴衣でのご来場、歓迎いたします。屋外の天候に合わせたご準備でお越しください。

上棟式イベント告知チラシ

上から、当日配布したうちわと手ぬぐい、トントンちくちくのケータリングの豆チャンプルー、子供たちに人気のかき氷、2階から餅や菓子をまく青木（左）と大島さん（右）、まかれた菓子を受け取る息子や近所の子供たち

住人が入居する前から関係性ができていたらきっと気持ちがいい。加えて、いつもはネット上でつながっている「そらと豆」の読者とのオフ会になるといいなと思ったし、僕が当時運営に関わっていた賃貸住宅の住人や仕事仲間にも来てもらいたかった。それで、上棟式に夏祭りをくっつけることにした。夏祭りのチラシなら、ご近所や友人にまいても違和感がないし、来る方の敷居も低くなる。そして昔ながらの上棟式のように、棟上げした家の上から「餅まき」もしようということになった。お祝いに餅をまくなんて、よく考えたら冗談みたいだ。昔の人の考えることは素敵だ。

この日のおもてなしは、青豆づくし。青豆手ぬぐいと青豆うちわを準備し、豆が一杯入ったメニューのケータリングをトントンちくちくの2人にお願いした。それが本当に素敵で、うわあ、という笑顔が青豆ハウスの現場に満ちていった。現場の職人さんたちが高みから盛大にお餅やお菓子をまくと、子供たちがわっと喜ぶ。それを見た職人さんたちも喜ぶ。そしてよく見ると知らない親子が何人も混じっていることに気づく。「お菓子をまくというから来ましたー」と言われ、本当に嬉しくなった。この子たちは家に帰って、お父さんに「今日楽しかったよ」とこのイベントの話をするかもしれない。夏祭りなんて体裁にすることは余計なことのように思えるかもしれないけれど、これこそが本当に伝えたいことを伝えるＰＲになっている。うちわや手ぬぐいやケータリングに費用をかけることは、どこかの誰かに払う広告費よりよほど気持ちがいい。

上棟式から3カ月後、秋の深まる11月に新米を味わう「まめむすびの会」を開き、お知らせのチラシには「入居申込受付開始」という言葉をしのばせた。芋煮の炊き出しをやりながらまめむすびを食べるこのイベントでは、来てくれた人たちにできるだけ長く滞在してもらうために、葉山で手すき紙をつくる春日泰宣さんを先生に招き、ランプシェードとレターセットをつくるワークショップも開催した。夢中になっているうちに1時間、2時間と時が過ぎ、青豆ハウスの上に広がる空の色が刻々と変化する様子をみんなで味わった。夕方、隣りの畑を横切ってコウモリが飛んでいく姿を見上げながら、「こんな風景に暮らすんだね」と、これからここで始まる暮らしの解像度が上がった。

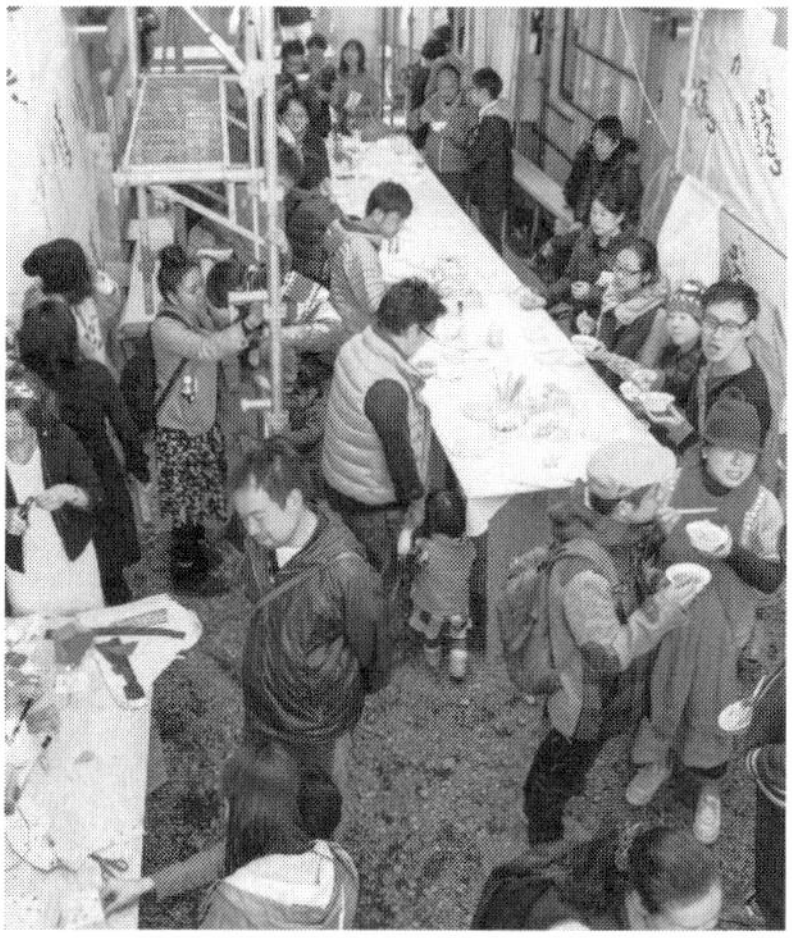

まめむすびの会のチラシと当日の様子。左手前のテーブルでは春日泰宣さんのワークショップ

僕たちもここに暮らそう

まめむすびを開催した日、まだ完成していない青豆ハウスに申込みがあった。寄せてくれたメッセージがまた嬉しかった。シェアハウスで出会って結婚し、普通の家に暮らしていたけれど、みんなで暮らす楽しさが忘れられずに〝シェアハウス難民〟になっていたという2人である。「自分たちの住みたいと思う家が形になっていて、びっくりしました」と書かれていた。僕らが思い描いていた人たちに出会えた瞬間だった。

数日後、建築関係者のカップルも申し込んでくれた。つくっている最中の様子を見て、完成後の建築、人間関係、まちでの暮らし方が想像できたという。自分たちのありたい未来と青豆ハウスの未来を重ねてくれたことに、僕は感動した。不動産業界的なアプローチをしていたら彼らにはおそらく巡りあえなかっただろう。

そんな申込者の熱量を感じながら、実は僕の心は揺れだしていた。青豆ハウスがどんどん自分の理想の家になっているのに、ここに自分は住まないのか?いや、住まないと嘘になるんじゃないか?という思いが強くなってきたのだ。

住みたい理由は二つある。純粋に楽しいだろうなというのと、住まない立場で大家として関わるのは難しいのではないかということだ。当初は通いで大家をするつもりだった。当時住んでいた家から遠くないのでできないことはないだろう。でも、青豆ハウスの入居者が決まり始めてくると、「通いで大家ができるかな?」とシビアに考えるようになった。

当時はシェアハウスブームで、そこで起こりうるトラブルもそれなりに知っていた。大家がその場にいない状態で他人同士が暮らす環境をつくろうとすると、ルールでがちがちに固める方向にいきがちだ。それは青豆ハウスの望むべき姿ではなかった。なるべくルールをつくらず柔らかに運営したいなら、大家は外から見るのではなく、住人としてこの家に暮らした方がいい。何か起こった時、その場にいればすぐに判断できることでも、大家がその場にいなければ、関係者から間接的に状況を聞いて判断しなくてはならない。庭の掃除も住人に義務化するのはどうも角が立つ。大家が住んでいれば、住人に「やって」と言う前に自分がやってしまえる。指示ではなく行為で示せるのはありがたい。「庭の掃除をしてほしい」ことが大事なのではなく、「庭が綺麗だと気持ちいい」ことが大事なのだ。

逆もまた然りである。安くはない賃料を支払ってもらっているのだから「対価としてやってあげなきゃ」と大家が考えると、途端に窮屈になる。でも、落ち葉を拾う、水やりをすることによって住人同士やご近所さんと関係性が芽生えると、それはとても素敵な「対価」になるのだ。綺麗にしてくれてありがとうと住人から声をかけられたり、咲いている花の話でおしゃべりが弾む体験は、暮らしの作業を一緒に楽しむなかでこそ生まれる。

いや、そんな価値観を共有できる人ばかりではないかもしれない。それで出ていく人がいたら、また募集すればいい。多様な価値観があるなかで、たまたま青豆ハウスが一つの解答とな

庭の掃き掃除は週変わりの順番制だが、気がついた人がやる

入居者がDIYで行った壁の塗装（上）、竣工前に地域の人々へのお披露目を兼ねて開催したマルシェ（下）

り、たまたまそこに人生を重ねたい人がいればいいのだ。

そういうわけで、僕たち家族は、青豆ハウスと人生を重ねることにした（7頁参照）。

その後、入居者が内装の素材をカスタマイズできる期限であった竣工の2カ月前には全8組の入居者が揃い、部屋の壁を自分好みの色に塗装して仕上げるワークショップを全員で行ってお互いの関係性も深めることができた。また、竣工前には、入居者たちも参加して地域の皆さんへのお披露目をかねたマルシェも開催した。このプロセスを経験できたことが、後に青豆ハウスで毎年恒例となる青豆祭や、南池袋公園のお披露目イベント（4章参照）につながっている。

無理せず、気負わず、楽しむ暮らしぶり

3

暮らしのちょうどよい湯加減

2014年3月中旬から5月初旬にかけて8組が次々と入居した（2〜7頁参照）。これま

で大家として管理してきた賃貸住宅は建ってから25年以上経っていたので、住人は1組ずつ退去・入居していくのが常だったけれど、今回は新築で、一度に8組が入居し「せーの」で新しい暮らしを始める。とりわけ嬉しかったのは、僕ら以外の7組はすべて2人住まいで、そのうちの半分は入居を機に結婚、同居を決意したということ。青豆ハウスに暮らすことを想像するなかで、結婚したい、一緒に住みたいと思うようになってくれたのだとしたら、それだけで青豆ハウスをつくってよかったと思えるじゃないか。とはいえ新築の賃貸住宅を運営するのは初めてで、正直、楽しみよりも怖さの方が先行していた。夜になると夢でうなされるほど怖かったと言っても、過言ではない。

集まって住むシェアハウスの運営が容易ではないことは、今までの経験からも十分に学んできた。住人みんながシェアする暮らしに前のめりならそれでいいかと言えば、まったくそうではない。むしろ、がんばりすぎる住人がいると、周りとの温度差ができてその人が孤立していくこともある。大家とて同じだ。あまりにリーダーシップをとりすぎても、住人はついていけずに疲れてしまう。日常の暮らしを長く続けていくには、刺激や興奮などがもたらす熱っぽさではなく、肩の力を抜いてリラックスできる「ちょうどいい湯加減」が大事なのだ。たとえば、突出してはしゃいでいる人がいたら、きっと誰かが冷めるだろう。その時は、熱を冷ます。逆に、場が冷たくなったら、適度に温める。8組の家族がちょうどいい湯加減で集まって暮らすためにはそういうコントロールを誰かがしなければならないだろうと思っていた。

それを誰がやるのか？立場的に僕だろうな。でもそんな気配りをし続けていたら、僕のプライベートの時間はその任務で塗り潰されるんじゃないだろうか。何より「ちょうどいい湯加減」を維持することなんてできるのだろうか。住人たちとの暮らしの中で起こるかもしれないさまざまな対応を頭の中でシミュレーションしていたら、そのプレッシャーで飲みすぎて悪酔いして、「じゅんじゅん、それは熱すぎ！」と妻にたしなめられることもあった。どうやら僕は根っから温度が高いらしい。

主体的に暮らし、関係を育てていく

住人の中に、鎌倉のシェアハウスから青豆ハウスに移り住んできた女性がいる。入居条件であった「2人暮らし以上」を満たすために付きあい始めて間もない彼氏を無理やりに連れてきた。それも大概だが、相方の男性は同棲なんて微塵も考えておらず、シェアハウスも面倒くさくて嫌い、と思っていたそうだ。当然、青豆ハウスへの入居時は半ばお客様のような気分で、内部の人間関係がやたらと濃いイメージへの抵抗もあったと思う。

彼に限らず、言ってみれば最初はみんなお客様だと言える。まわりのことはよく知らないし、

青豆ハウスの住人が協力して準備した、住人夫妻の結婚披露宴

新しい暮らしに対する身構えもある。ただ単純に、日々一緒に暮らす人との暮らしを大事にしていくことで、関係には厚みができる。それだけのことだ。

そして、「シェアハウスは面倒くさい」と話していた前述の男性も、彼女と一緒に後述する青豆祭のシンボルになっている提灯をつくったり、フランクフルトを焼いたり、住人たちのフリマを企画したりと、今では祭りを牽引する存在になっている。余談だが、この夫婦の婚姻届の証人は僕たち夫婦。結婚披露宴では僕が司会を頼まれ、青豆ハウスの住人と協力して準備し、青豆ハウスを3Dで再現した手土産を用意した。

暮らしの当事者として主体的に暮らし、関係を育てていく。それは、人間関係を加熱することとは違う。熱くも冷たくもない、〝ちょうどいい湯加減〟の範囲を広げていくという、シンプルな動機に基づいている。

大家と住人のフラットな関係

竣工から10年が経った今、青豆ハウスは、あの時の心配は何だったのだろうというほど住人が自然体で生きられる場所になっている（4〜5頁参照）。「大家と住人たち」という関係性は溶けてなくなり、個人と個人の付きあいがシンプルにあるだけだ。そして僕は、住人から大家さんとは呼ばれず、妻が僕を呼ぶのと同じように「じゅんじゅん」と呼ばれている。

大家は、溶けてしまった方がいい。はじめは住人の入居審査もするし、大家という立場をしっかりと打ち出すことは大事かもしれない。でも暮らし始めてしまったら、青豆ハウスの当事者として、誰もがフラットな関係で存在する。

そう、「住人たち」などというまとまりで捉えていたのは、全員のことをまだよく知らなかった最初の頃だけだ。1人1人と付きあいが深くなると、一対一の関係でしかなくなる。みんな、お互いの良いところも悪いところもわかりあえるようになり、起き抜けのすっぴんにぼさぼさ頭でも何とも思わなくなる。まるで家族のように。

もちろん最初は、こんな格好じゃみっともないかなとか、他人に知られたくないことがポロっと出ないようにとか、どこか身構えていた。それが、ある時から僕は「みんなにわかられていること」が嫌ではなくなった。むしろ、わかってくれている人たちがいる場所に帰る時、何とも言えない安心感を覚えるようになった。

大家の僕らも住人として溶け込む青豆ハウスの集合写真

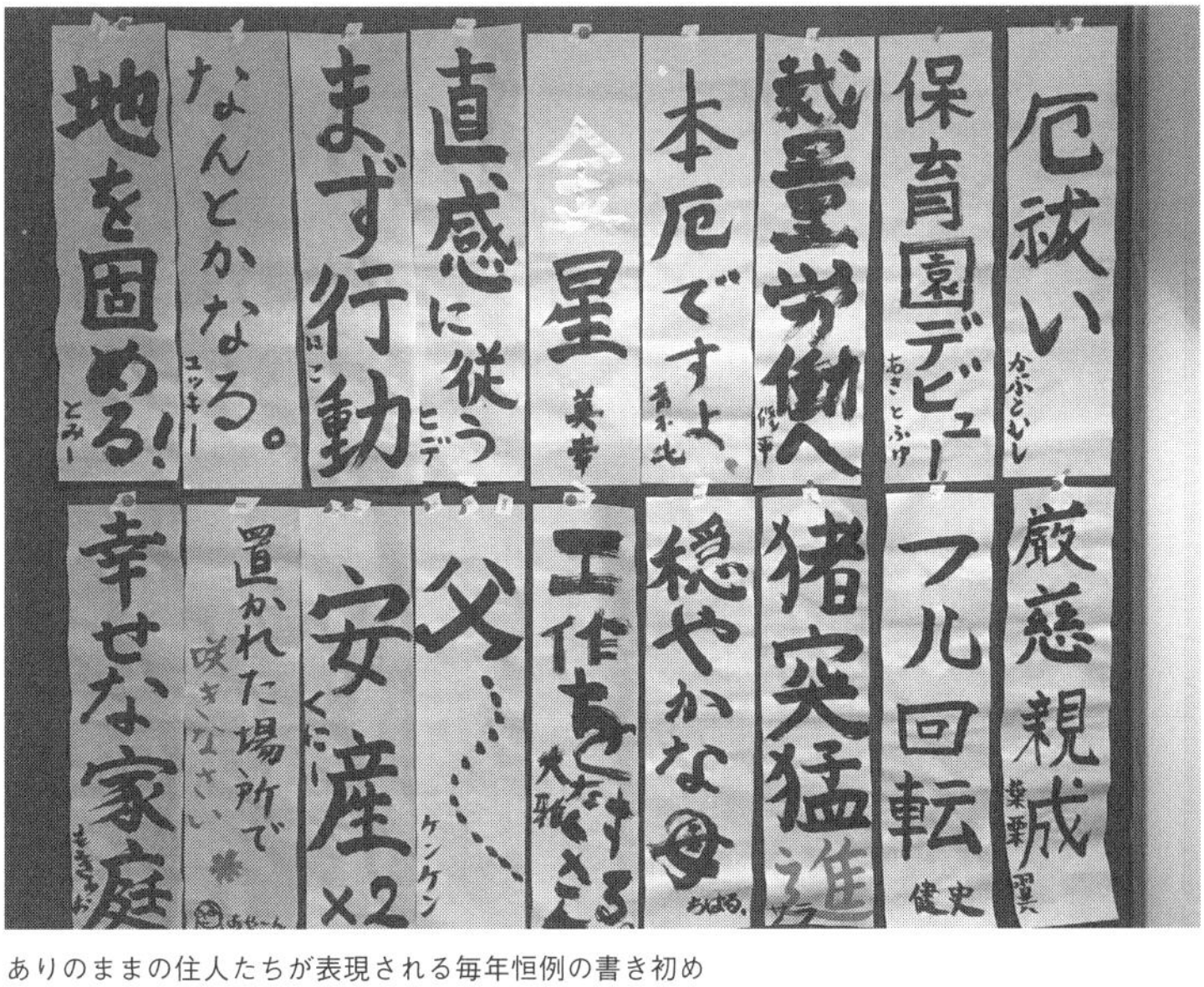

ありのままの住人たちが表現される毎年恒例の書き初め

日常生活には、自分の状態が整っていない時間がわりとある。起き抜けもそうだし、飲みすぎた時もそう。不安を抱えて心に余裕がない時もある。そうした隙のある状態を家族以外の人とも共有できるようになったことに、ある日ハタと気づき、「ちょうどいい湯加減」っていうのはこれだなあと実感した。この人は走りがち、この人は天然だよな、この人は酔ったらこうなる、この人はいろいろ言うけれど受け流して大丈夫、と暮らしの中に沁みだすそれぞれの人の味がわかってくると、振れ幅を含めたその人らしさをちゃんとわかりあえるようになる。これはもう、理屈じゃない。暮らし続けるなかでこそ体得するものだと思う。だから、こうした関係ができるまでには時間がかかるし、むしろ時間をかけていいのだ。

日常生活を続けていくには、お互いに無理をしないことも大切だ。相手に良かれと思ってすることも、至れり尽くせりのおもてなしは逆効果。むしろ至らず、尽くさず、くらいがいい。至らないところも丸出しで、特別に尽くしたりもしない。だってここは、みんなが帰ってきて鎧を脱ぐ場所なのだから。

こうして青豆ハウスには、「無理せず、気負わず、楽しもう」という家訓も生まれた。住人たちの誰もが、心からリラックスしてこの暮らしを楽しみ、心も行動も広げていくための知恵が凝縮された言葉だと思っている。

4 地域とつながりあって暮らす

地域との境界が溶けてなくなる

「無理せず、気負わず、楽しもう」という姿勢は、青豆ハウスの外にもじわじわと広がっていった。僕たちは地域のお店ととても親しく付きあっているが、青豆ハウスの周辺は住宅地なので、意識しないとお店に気づかないことも多い。そこで、住人たちにまちへの関心をもってもらいたいと思い、「あおまめしマップ」という地図をつくることにした。住人たちは、近隣にある個人が経営するご飯屋さんを見つけては、地図に情報を書き込んでいった。

美味しいものを探すという作業は、なぜか妙にワクワクする。自分たちの住んでいるまちにこんなお店があったんだ！と見つけた時の喜びはひとしおだ。そんな情報はすぐに誰かと共有したくなるから、みんなでレポートしあう。必然的にマップづくりはぐいぐいはかどり、マップの密度もまちとのつながりもどんどん濃くなっていった。また、コロナ禍には「お散歩マップ」にアップデートされ、飲食店以外にも野菜の直売所や隠れ家のような花屋さんといったコンテンツも書き込んでいった。マップの充実度が暮らしの充実度につながっていく。

一方、住人が地域のお店の行きつけになり、親しく交流するようになると、地域の人たちも青豆ハウスについてポジティブに捉えてくれるようになった。青豆ハウスの夏祭りに毎年足を運んでくれる地域の人も少なくない。

建築中から足繁く通い住人たちの顔合わせにも使ったイタリア料理店「トラットリア ナティーボ」は僕らのもう一つの食卓だ。店主の入山晋治さんはいち早く住人の顔と名前を覚えてくれて、住人の誰かの記念日にはピザを届けてくれたりした。強面だけど心優しい入山さんはうちの息子の通学をいつも見守ってくれた。青豆ハウスにピザ窯をつくった時にはピザ生地の伸ばし方を教えにきてくれ、お返しに僕らがお店で貼った壁紙やプレゼントしたものは今も店内で見ることができる。

青豆ハウスから一番近い蕎麦屋さん「扶桑庵」は、自分たちの家の延長のような空間だ。店頭で配膳をする中村育子さんは住人たちのもう一人のお母さん。ここでの対話は家庭そのもので、みんなの相談に乗ってくれたり、浮かない表情の住人には温かい声をかけてくれる。夜の営業もあるのに休憩時間で少し飲みすぎてしまうおちゃめなお母さんに、今ではちびっこ住人が本当のおばあちゃんのようになついている。

そんな扶桑庵でよく会う平和台ファミリー歯科の池田春樹院長も、青豆ハウスの夏祭りを楽しみにしてくれている一人だ。青豆ハウスと同じタイミングで開業し、今では地域から信頼されて、住人みんなの口内環境を整えてくれている。ここで暮らすと、ずっと自分の歯で美味し

竣工時につくった「あおまめしマップ」(上)、コロナ禍につくった「お散歩マップ」(下)(© Google)

いものを美味しいと感じて生きていけそうな気がしている。

こんな風に情報を共有しあう文化は、僕たちの暮らしの中にすっかり根づいている。たとえば、飲食店や物販店、保育園や病院などもそうだ。身のまわりの欲しい情報を共有しあうと、地域のことが立体的に捉えられるようになり、地域への愛着も増す。

そうした時間を重ねることで、次第に〝青豆ハウス〟という境界を感じなくなっていった。みんな、この地域で暮らしたり働いたりしている地域の仲間なんだという関係にひらけてい

上／サッカー好きな入山晋治さんの店「ナティーボ」では住人みんなでサッカー観戦することも
中／美味しいピザのつくりかたは、入山さんから青豆ハウスの子供たちに受け継がれている
下／扶桑庵の中村育子さんと青豆ハウスの子供たち

く。青豆ハウスに住んでいるいないにかかわらず、「ああここに帰ってきたな」と思える人や空間が増えていく時、僕が青豆ハウスの中に溶けてしまったように、青豆ハウスも地域の中に溶けていくのだ。

地域とのつながりを実感できる青豆祭

青豆ハウスでは、毎年夏祭りを開く。「青豆祭」といって、住人たちが企画し、地域の人たちや住人の友達を招く（3頁参照）。2023年でもう8回目だ。青豆ハウスが気になっている近所の方々に対して「どんどん入って!楽しんでいって!」と最大限に門戸を広げるオープンデーが、青豆祭なのだ。

みんなで気持ちよく楽しみたいから、来る人も迎える人もストレスなく、なるべく敷居も低くしたい。たとえば、美味しい料理やビールをふるまいたいと思っても、出店のように料金を設定すると保健所の許可が必要になり、ハードルが一気に高くなる。かといって、飲食を出さないのは祭りとしてつまらない。場を「ひらく」ことはとても素敵なことなのに、それを実現しようとするといつもハードルにぶつかる。やりたいことの規模に比べて、事務手続きが膨大になることもある。

そこで僕たちは、頭をひねって、青豆祭を〝ホームパーティ〟と見立てることにした。ホームパーティだからお金は受けとらない。自分たちが飲みたいビールと食べたいものを持ち寄って大いに楽しむ。そこに、近所の人たちが参加してくれる。実際そうした気持ちで開いていることには変わりない。だって僕たちは、青豆祭で何かを営業をしたいわけではないのだから。

毎年恒例となった、立川志の彦による青空落語会

そして、会場内に募金箱を設けることにした。募金だから、入れるのも入れないのも、金額も自由。青豆祭を心置きなく楽しんでくれて、もし青豆ハウスへ心を寄せてくれたならば、募金という形で気持ちを届けてくれたら嬉しい。これならば「一方的にもてなされた」と恐縮する必要もない。無理をして自前ですべて用意して続けられなくなるというリスクも減らせる。無理なく、楽しく、長く続けるには、こんな知恵を働かせることも必要だ。

毎年、募金で集まったお金で青豆祭は運営されているわけだが、２０１９年は台風15号の被災地に募金を全額届けることにした。住人みんなで決めた。青豆ハウスでは、楽しいことも、そうでないことも、住人たちとの語らいのなかで決めていく。

青豆祭には、近所の子供たちもたくさんやってくる。1年ごとにちょっとずつ大きくなった顔が見られるのは、何とも嬉しい。差し入れもたくさんいただく。青豆祭は、住人それぞれが日々地域とつながりあって暮らしていることが目に見える日だとも言える。

そういえば、7年前から青豆祭の目玉になっている催しがある。練馬育ちの落語家・立川志の彦の落語会だ。庭に特設の高座をつくり、夏の夕風の中で極上の噺を聞く。普段は落語に接することのない子供たちも、目を輝かせて高座に乗り出して落語の世界に引き込まれていく。

本来落語は、青空の下で行うものではない。落語家の息遣いまで届くよう、声が通り、人々が集中できる室内で行うものである。そうした落語の流儀を超えて、立川志の彦は青空落語を受け入れ、楽しむ。彼は言う。「青豆ハウスは、練馬の象徴だから」と。練馬がつないでくれた縁は、青豆祭にいっそうの笑顔をもたらしてくれている。

黒板のメッセージがつなぐ地域との縁

青豆ハウスの敷地のまわりには、塀を建てていない。塀で囲って中の住人を守るという方法以外に、「ひらきながら守る方法」があるのではないかと考えているからだ。そんな呑気な性善説を言っているご時世ではないよ、そのうち痛い目に遭うよ、という声が聞こえてきそうだが、性善説ですら〝あるもの〟ではなく〝つくるもの〟だと僕は思っている。

建物のまわりには草花の植え込みをつくり、住人たちで毎日水をやり、雑草を抜き、大事に育てている。道行く人々からも見えるので、通りかかった時にふと心が安らげばいいなという気持ちもある。ところが当初、そんな僕たちの気持ちを踏みにじるように、犬の糞の不始末、たばこのポイ捨て、植えた花が抜き捨てられる、といった行為が続いた。そうしたことは他の場所でもよくあることだろうし、たいしたことではないといえばそうなのかもしれないけれど、これが意外と落ち込む。「何の悪意なんだよ」と花と一緒に心も枯れそうになる。公衆マナーを守りたくなかったり、美しいものをみると逆にイライラしたりと、世間にはいろいろな感情が渦巻いていることを目の当たりにした気分になる。

こうした状況を改善するにはどうしたらよいだろうと住人たちで話しあった。境界線をあえて緩くしている青豆ハウスの良さを損ねないために、この困りごとをモノで解消するのではなく、出来事によって解消したい、という方針が決まった。そこで出てきたのが、「道端に黒板を出して、日替わりでみんなでメッセージを書いてみたらいいんじゃない?」というアイデアだった。「日替わりは大変そう」という声もありつつ、まずはやってみて考えることにした。

丁寧に花を植え、そこに置いた四角い黒板に「花を踏まないで」と心をこめて息子が描いた。

道端の黒板に描くメッセージが地域とのコミュニケーションツールに

思いが伝わるといいな、と見守っていたのだが、残念ながらメッセージの効果はなかった。心ない行為は変わらず続いた。

なんで届かないのかを考えながら、次は「暑くてお散歩も大変」と住人が描いてみた。一方的なお願いではなく、道行く人と共感しあうような表現だ。その次は「今日は母の日ですね」と、また別の住人が描いた。目を留めてくれた人に語りかけるような気持ちを込めて。すると、地域のお母さんたちがこの黒板に目を留めるようになってきた。黒板に書き込んでいる時、通りすがりの人から「なんでやっているの?」と聞かれることもあった。そこから話が弾み、「そうそう、この辺は大型犬がいるからねー」と近所に対する意識を何気なく共有する会話も生まれてくる。

黒板は、注意喚起に使うのではなく、歩行者とのコミュニケーションのために使った方が、圧倒的に楽しい。近所の人々に見てもらえているとわかると俄然やる気も湧いてきて、僕らは日替わりで黒板にメッセージを描くようになった。ますます人の目が集まり、黒板デザインも日ごとに上達し、界隈のインスタスポットになっていった。「もうすぐ新しいメンバーが増えるよ！」と、青豆ハウスの嬉しい出来事を発信することもあった。そうして住人の気持ちが地域に溢れだすと、青豆ハウスは〝顔の見えない集合住宅〟ではなくなっていく。

そのうち、驚くべき〝事件〟が起こった。黒板が、伝えるためのツールから、伝えあうツールへと変化したのだ。ある日、黒板の裏に、おじいちゃんがお手紙を貼ってくれたのだ。「いつもありがとう。朝からいい気持ちになります。楽しみにしています」と、無記名で、でもとても丁寧に、達筆で書かれていた。これを発見した時の驚きは忘れられない。黒板を描き始めた時にはまったく予想もしていなかった〝お返事〟が届いたのだから。黒板が文通ツールになるなんて、誰が想像しただろう。そして、もはや、この黒板を置いた当初の目的を忘れてしまいそうだった。

してほしくないことに対して、眉をひそめて注意したり監視を強めるのではなく、まったく違う角度からその場所が注目されることで「しづらい環境」をつくる。そんな解決方法があるのだということを、青豆ハウスの住人たちは身をもって知ってしまった。

5 8世帯の住人たちと、8倍濃い人生を送る

自立した関係だからこそ生まれる居心地

２０１４年の竣工時にはわが家の息子以外全員大人だった青豆ハウスだが、10年間にずいぶん子だくさんになった。僕が青豆ハウスに帰ってくると、あちこちから子供たちがテケテケと出てきて「じゅんじゅん」とタッチしてくるのが心底嬉しいのだから、もう気分はおじいさんだ。住人同士の仲がいいので、自然と子供たちも家の外で一緒に遊び、結果的に子育てをシェアできる環境ができている。

一方で、青豆ハウスのそうした状態について「ファミリー向けシェアハウス」と謳われることがあった。単身者向けの物件が多いなかで、歓迎すべき存在として表現されていることはわかった。ただ、これを見た住人たちや、まだ見ぬ未来の住人候補はどう思うだろうと考えずにはいられなかった。子供がいる世帯もあれば、いない世帯もある。欲しくても恵まれないことだってあるはずだ。彼らの肩身が狭くなることはあってはならない。子供がいることで生まれる居心地は結果であって、目的ではない。子供がいなくてもきっと同じような居心地で暮らし

ていたと思う。

青豆ハウスの住人たちは、「みんなと一緒がいい」といった価値観で生きていない。たとえば「手巻き寿司やるけど来る?」と声をかけても、「行くー」「今日は行かない」とそれぞれが正直に応じ、「わかったー」と相手の状況をそのまま受け止めるだけで感情をひきずらない。行かないと雰囲気がまずくなるのでは、といったプレッシャーや強制力はないから、誘われて行かないことも、誘って集まらないこともある。それを良しとしなければ、日々の暮らしなんて続かないじゃないか。

ただ、こうした関係は誰とでも成立するとは思っていない。自分の立場を必要以上に気にしたり、他人と自分を比べたりしない人たちだからこそ、青豆ハウスの居心地は保たれているのだ。逆に、褒められたい、認められたいと思ってがんばりすぎて「こんなにがんばっているのに、みんなはどうして…」といった思いが膨らむと、自分のバランスも周囲のバランスも崩れていく。実際、過去にはそうした状況も経験している。

人と比べない、というのは、自立した個人だからこそできることだ。きちんと自分の足で立って生きているということだ。これはとても大事なことで、実はたやすいことではない。日々の暮らしは、人と自分を比べて落ち込む機会に満ちている。しかも、比べる相手が自分の近くにいればいるほど苦しい。そこに囚われてしまっては、ひらかれた暮らしなんて苦痛でしかない。青豆ハウスの暮らしがなぜここまでひらかれ、心地よいのか、その秘訣があるとするなら

10年間で子だくさんになった

ば、それは住人たちがみんな自立した心を持つ個人であることだと僕は確信している。

そして、ひらかれた暮らしの心地よさを保ちたいからこそ、青豆ハウスの家訓を「無理せず、気負わず、楽しもう」とした。無理をして合わせたり、気負ってがんばりすぎたりせず、ありのままの自分で楽しめる暮らしをつくる。自然体だからこそ、心を許せる関係になる。寝起きのパジャマ姿でも「おはよう」と挨拶を交わせるのは、隣にいるのが比べたり張りあったりする相手ではなく、正直に頼ったり支えあえる相手だからだ。旦那がいなくても寂しくない、自分に子供がいなくても隣の子供がかわいい、というように、家族感覚の延長に住人たちのつながりを感じられる時、「ああ、豊かだなあ」と心の底から感じる。

そうすると、休日などにも青豆ハウスから出ないで、のんびり過ごすことになる。外出して心の隙間を埋めようとしなくても、気の置けない住人たちと過ごしているだけで満たされるからだ。それは、自分が小さかった頃、家族関係と地続きに親戚やご近所さんとの関係がつながっていた時の感覚に近い。

この力の抜けた、ありふれた日常にどっぷりと浸かっていると、青豆ハウスが外からどう見えているのかだんだん気にならなくなってくる。だから、たまに「青豆ハウスはパーリーピーポーが住んでいるんだろうと思っていた」「どんな人たちが住んでいるんだろうと思って冷やかしで見に来たら、みんな普通だった」といった声を聞くとびっくりする。一体、どんなイメージで伝わっているんだろう。たまに、青豆ハウスをドラマや映画の舞台として使わせてもらいたいという、ある意味ワクワクするような申し出をもらうこともあるが、住人たちの日常が損なわれることは避けなければならないのでお断りすることもしばしばだ。青豆ハウスがメディアに注目されたり、賞をとったり、称賛されることは嬉しいことだ。でも、ここ平和台の青豆ハウスには、住民たちが無理せず、気負わず、楽しみながら1日1日を積み重ねてできた暮らしが、そっと存在しているだけだ。

辛いことも支えあって乗り越える

こうして青豆ハウスの住人たちと人生を重ねるなかで、辛いこともいろいろ経験してきた。そんな時、楽しいことを共有しているだけでは気づかない、自分たちの関係性が生々しく見えてきたりする。言葉通り「人の人生を預かる」ような局面もある。

今でも思い出すと感情が溢れてきそうになる、厳しい出来事があった。

双子を育てながら青豆ハウスで暮らす夫婦がいるのだが、ある日、突然旦那に「じゅんじゅん、どうしよう。妻の状態がとてもよくない。長くないかもしれない」と相談された。彼女にはもともと体に弱い部分があると聞いていたが、突然容体が悪くなったという事実に直面し、言葉を失った。彼は夫としてその何倍も衝撃を受けているはずだとわかっていながら、まったく他人事とは思えず、「どうしてそんなことに?…嘘だろ?…」と、動揺を隠すことができなかった。

ひと呼吸置いた後、彼がこんな重大な話を大家である僕たち夫婦にまずしてくれたことの重さを全身で感じた。僕や住人たちとの関係をまるで親族のように思ってくれているのだというこことがひたひたと伝わってきて、胸が詰まった。僕は、このことを正直に住人たちに話そう、と決めた。大変だろうからそっとしておこう、なんていう間柄ではない。僕たちは一緒にこの事態を背負い、彼女のためにできることは何でもしたいと思う関係になっていることに、疑いの余地はなかった。

彼女の容体を知った住人たちはみんな、それを自分のこととして受け止めた。まず心配なのは、これまで夫婦が2人がかりでやってきた双子の子育てだ。どうすれば余計な気を遣わせずに彼らを無理なく支えていくことができるかを考えた末につくったのが、「トントンしていいよサイン」だ。玄関のドアノブにサインをかけると、「今大丈夫だから、いつでもトントンとノックしていいよ」という合図になる。時間にゆとりがあったり、お手伝いのできる状態だったらこのサインをかけておく。もちろん住人同士なら誰でもトントンしていいわけで、相談してくれた彼らだけを特別扱いしてはいない。そうして、手が足りない時に子供たちを見てあげたり、一緒に食事をしたり、万が一病院に駆けつける時にドライバーを買って出たりするというセーフティネットがつくられた。

入院中の彼女はきっと、家に残した家族のことが心配でたまらないはずだ。僕たちができるのは、「みんなで守っているから大丈夫だよ」と彼女に安心してもらい、治療に専念してもらうこと。そして、必ず元気になって青豆ハウスに戻ってきてもらうこと。青豆ハウスのグループチャットでは日々の出来事を彼女に伝え、元気だった時にみんなで一緒に行った旅行の様子も、爆笑できるようなフィクションをもりもりに盛り込んだ旅行記としてつくりあげて病室に届けてもらった。いつでも彼女が笑顔で戻ってこられるように、楽しさも悲しさも分かちあい続けようと誰もが思っていた。

だから、青豆ハウスに戻った彼女が毎日変わらない笑顔を見せてくれたのは、僕たちにとっては特別なことだった。

大家は暮らしの輪郭をつくる担当

こういう話をしていると、大家というのは住人たちに何かを「してあげる」仕事のように受け取られてしまいそうだが、実は僕が住人たちから支えられる局面の方が多いかもしれない。どうしようもないピンチから救われたこともある。

僕は以前、青豆ハウスの大家という立場を続けることが難しい状況になったことがある。そんな時、住人たちは青木家抜きで「作戦会議」を開いてくれた。そして、住人という立場からできることを本気で考え、動いてくれた。「青木夫妻がいる青豆ハウスだから、私たちはここにいる」と、言ってくれた。心身ともにやつれ果てていたが、最終的には彼らとの関係こそが僕の宝物で、外からのさまざまな声やトラブルはこの宝物があれば乗り越えられると思えた。僕は、青豆ハウスという箱ではなく、青豆ハウスの住人たちとのつながりによって生かされているのだと。

青豆ハウスの8世帯で暮らし、人生が8倍濃くなった。そのことが、青豆ハウスの究極の価値だと、今は言い切れる。

日々の暮らしの中では、良いことも悪いことも起こる。悪いことも乗り越えて生きていかなければならない。大家としては気を揉むことだらけだ。僕は大きな融資を組んで青豆ハウスをつくり、住人はそれなりに高い家賃を払って住んでいる。こんなにお金を払っているのに問題だらけの暮らしなんて、と思われるのではないかという恐怖もあった。ただ、問題を誰かに「解決してもらう」ことでは、住人たちはマイナスからゼロになったとしか受け止められない。自分たちで知恵を絞り、自分たちで解決をする体験を重ねていけば、マイナスからプラスを生みだすことができる。大家も住人もなく、一緒に暮らしをつくる、というスタンスだ。花を植え、掃除をし、黒板を描く。「高い家賃を払っているのに掃除をさせられるしね！」という軽口をたたかれたりもするが、こうした暮らしのお世話を管理人にやってもらうより、自分たちでやる方が価値があると、住人自身が一番よくわかっている。自分たちの欲しい環境を自分たちの手でつくりだす。なんなら「発明する」と言ってもいい。青豆ハウスの住人には、そんな究極のDIY精神が育まれている。

青豆ハウスの住人の子供たちと青木、大家と住人の関係が溶けあう暮らし

こんな風に大家と住人の関係が溶けあうようになって、大家というのはただの〝あだ名〟みたいなものだなと思うようになった。たまたま「大家さん」と呼ばれる人でしかない。こう呼ばれる人がやるのは「判断をする」という係である。祭りの場所や飲み会の日程、大きな買い物を決断したり、青豆ハウスにもらう手紙の宛先にもなる。その係がいることで、人が集まって暮らすことに輪郭ができる。そう、大家は、輪郭をつくるための存在だと言っていい。建物を所有しているかどうかは、実は大家業の本質ではないのかもしれない。つまり、建物を持たない大家がいてもいいはずだ。輪郭をつくる係は、その仕事をやりたい人がやるべきだから。

6 地域が幸せでごきげんな日常を営む

ナリワイ型住宅「まめスク」の登場

1階の一部屋が空いている。双子を育てながら妻が闘病をしていたあの家族が、コロナ禍で健康リスクを考えて青豆ハウスから実家のある地域へと引っ越したからだった。みんなで笑顔で送り出したのだけれど、一緒の場所にいなくてもずっと青豆ハウスの住人でいてほしいという全員の気持ちを乗せて、彼らが暮らしていた部屋をいつでも戻れる「実家」として空けておくことにした。大家としては、家賃収入が一部屋分まるっと失われる。でもその判断に迷いはなかった。

こうして気持ちの収まり所ができた一方、青豆ハウスの1階に電気のつかない部屋ができた。入口の隣の部屋がしんと暗いのは思ったよりも寂しい。それでちょっとした欲が出てきた。多目的ルームのように使うだけでなく、たとえば多彩な住人たちの作品を展示したり、小商いを暮らしに取り入れる場としてお店にするなど、この部屋でいろいろできそうなことがあるんじゃないかと。そして、近所の人たちがふと会話を交わせる場所があったらどんなに素敵だろうと。

住人のほこちゃんが描いた「まめスク」のイメージ

住人たちと「まめスク」の妄想会議

そう思いたったら、すぐに住人のみんなに相談した。「それ、すごくいい」「じゃあ、みんなでお店をつくってみようか！」という反応をもらえた。

どんなお店にしようかとみんなでもやもや考えている時に、イラストレーターをしている住人のほこちゃんが「まめスク」というスケッチを描いてくれた。青豆ハウス的キオスクがあったとしたら、という日めくりカレンダーもあって、よく見ると、お店の人が本を読んでいたり、アイスを食べていたり、まちの人たちと喋っていたりと、のどかな風景が描かれていた。しかも月のうち半分はやっていない。なるほど、青豆ハウスの家訓通り、「無理せず気負わずやろうね」と、イラストで釘を刺されたようだった。

「まめスク」をいざ始めてみると、それなりに大変なこともわかってきた。実際、本業の仕事を持つ住人たちがお店を開け続けるのは難しい。誰がこの場所の当事者になるのか決まっていなかった当初、僕がまめスクの〝店番〟として1日座っていることもあった。

そんなある日、一人暮らしを始めたという近くの大学生が「コロナで誰にも会えず病みそう」と、青豆ハウスを探し当てて来てくれた。彼はその後、子供たちのサッカーに付きあってくれたり、家庭教師をしてくれたりと次第に住人たちに溶け込んで、青豆ハウスに〝住まない住人〟になった。ゲストでもホストでもない、限りなく近くにいる外の人。そんな人たちの居場所ができるのは嬉しいことだ。

なんだかここは、お風呂屋の番台みたいだな、と思った。後ろにはコミュニティがあり、前には地域がある。その両方の出会いの湯加減を整えるのが番台の役割だ。

とりわけ素敵な日もあった。「流しの洋裁人」という名前で活動している原田陽子さんが来てくれたのだ。庭先にミシンを出して、糸を出して、生地を出して、服をつくり始める彼女の姿がまめスクにあった。洋服のパターンを持って各地を旅する洋裁人で、その土地土地でオーダー会を開き、地域の人たちと対話をしながら洋服をつくる彼女は、「洋裁は、この界隈の色、この界隈の個性をつくれる」と言っていた。

住人たちが洋服のパターンの虜になり、その場で楽しそうに服を選んでいたところ、散歩中のご婦人が「何をやっているの？」と声をかけてきた。また、近くのおじいちゃんが自分の洋服を持って訪ねてきた。「この服、直してもらえないかな」と。彼女がミシンをカタカタと動かす姿をまちにひらくと、ご近所さんとの距離がとても自然に縮まっていく。それはまめスクの欲しい未来の風景そのものだった。

地域の幸せでごきげんな日常は、とても小さな試みから生まれる。そしてそれが、やすやすと絶えることがなく未来に続く良い循環の中にあるんじゃないかと予感する時、僕たちは、植物が根を張るような確かな満足感を感じるのだ。まめスクという一見無駄に見えるスペースは、未来への実験場なのかもしれない。

路地に面した1住戸をナリワイ型住宅「まめスク」に改装し、住人主体で地域との接点をつくっている。写真は、原田陽子さんの「流しの洋裁人」

農のある暮らしとネイバーフッドコミュニティ

ある時から、まめスクに採れたて野菜が運ばれてくるようになった。ご近所で「THE HASUNE FARM」という農園一体型レストランを営む川口真由美さんと冨永悠さん夫妻が、旬の泥付き野菜を新聞紙にくるんで持ってきてくれる共同購入の定期便だ。野菜は新鮮であるほど美味しいから、忙しい日々を暮らす住人たちもこの野菜直売を好んで頼んでくれていた。

練馬区は緑被率がもともと高く、青豆ハウスの向かいにも区民農園が広がっている。この環境を享受してきた僕たちは、都市にある農業の大事さを肌身で感じてきた。さらに日常的にTHE HASUNE FARMの野菜を食べるようになって、生産者と消費者が近いことや、いい畑や土が近くにあるのはすごい価値だということがよくわかるようになった。彼らを買い支えることの価値がわかる、と言い換えてもいい。大規模農業ができなくて苦戦している都市部の農家が、少量多品目で安心して野菜をつくり続けられる環境は、消費者である僕たちのふるまいによってつくられるのだ。

大事なものをどんどん消失させて都市がスポンジ化していくのを手をこまねいて見ていたくはない。畑が増えることで、まちにいい土が増える、その変化をもたらす流れに加担したい。そんな思いが住人たちの間に芽生えていく。

自分の暮らしを良くしたいという身体が欲する願いは、やがてまちへの意識を変えていく。

そんなふうに暮らす〃私たち〃の集合体を、ここでは「ネイバーフッドコミュニティ」と呼ぼう。いいご近所が集まることで、より大きなスケールのパブリックをつくっていく。僕のなかでは、ようやく今「100年先の住宅をつくる」という具体的なイメージが膨らみ始めている。

青豆ハウスに隣接する区民農園は住人たちで借りていて、やりたい人がやりたいように楽しむ

青豆ハウスのまわりで育まれるネイバーフッドコミュニティ

INTERVIEW

7世帯が“ちょうどいい湯加減”でともに暮らせる理由

聞き手：馬場未織

佐々木 絢／あやーん
家族：夫／入居10年

青木 千春／ちはる
家族：夫（青木純）・息子・猫4匹／入居10年

刀田 智美／とみー
家族：夫・娘／入居10年

葉栗 幸恵／ゆっきー
家族：夫・娘／入居10年

青豆ハウスの住人は、現在7戸21人。彼らが何を考えて、どんな風に暮らしているのか、直接話を聞いてみたいと思った。青豆ハウスができてから10年経ち、住人の入れ替わりもあった。子供たちは増えたり育ったりした。最初から暮らす住人も、途中で入居した住人もそれぞれが1日1日ちょうどいい湯加減で暮らせていたらいい。今感じていることを、感じるままに話してもらった。

普段は緩く、ピンチに団結する住人関係

——竣工から10年経った今、青豆ハウスはどんな様子ですか？

とみー　私は青豆ハウスができた当初から暮らしているんですが、あっという間の10年でしたね。思えばいろいろあり、メンバーも変化していますね。3年前に引っ越したくにー（以前〝れんず〟の部屋に住んでいた岡田久仁江さん）たちは、小2の双子を連れてよく里帰りしてくれます。

——里帰りは、どちらの部屋へ？

とみー　〝れんず〟です。彼らが引っ越した後、ここは共有スペース（まめスク）になりました。くにーたちの里帰りの家になったり、THE HASUNE FARMという近くの農家さんのお野菜の受け渡し場になったり、リモートワークに使ったり、子供たちの英語教室が開かれたり。かつては8世帯フルに入居していましたが、7世帯に一つ共有スペースがあるといろいろ助かります。子供たちが成長すると各家庭に入りきらないことが出てくるんですが、ここがあると、そんなはみ出たものが吸収されて、みんなで集まって楽しむゆとりも生まれますね。おかげで大人も子供も、住人も外の人も、ごちゃまぜになって暮らせています。

——ごちゃまぜになって暮らすのは、実際大変ではないですか？

とみー　暮らし始めた当初はどうしていいかわからなかったですよ。私は社交的じゃないし。でも月日が経って、無理をしなくても気持ちよく一緒

INTERVIEW

にいられる感覚が自然とわかるようになりました。毎日のことだから、ちょうどいい湯加減の暮らしじゃないと続かないですもんね。

あやーん　数年前までは「この温度で合ってるっけ?」と探っていた気がします。でも今はちょうどいい湯加減のお湯に浸かりすぎて、お湯と体温が同じになっている感じ（笑）。永遠にここでこうしている気がして、賃貸だということを忘れそうになります。

――家族と暮らしているような感覚ですか?

ちはる　遠い親戚よりは近い、関係ですね。友達、というと違和感があって「うーん友達じゃないんだけど」と思ってしまう。友達は意図的につくるもので、家族は一緒にいる努力をしなければならないでしょ。でもここのみんなは、家族と友達と親戚のトライアングルの真ん中という感じです。楽しい時と厳しい時、近くなる存在。

ゆっきー　状況によりますよね。いつもはほわーんと緩くて、何かあるとぎゅっと結束する関係。

あやーん　そう、それ。住人の誰かのピンチを一緒に乗り越えたり、何かがんばらなければならない時にはすごく力が出るんですけど、そういう重要な局面が過ぎるとそれぞれの生活に戻って「おはよ～」だけになる。……何だかヒーローたちの日常みたいですよね、誰かに何かあったら全員で立ち上がるって（笑）。

とみー　誰かに何かある、ってだいたいポカした時でしょ。

あやーん　私が愛知で開催される「森、道、市場」のチケットを忘れた時は焦った!3日間通し券だったから、なかったらアウト!みんなに至急ご相談のメッセージを送りました。「私の部屋にチケットがぽつんと置いてあるのですが」って。ちゃんとレスキューが入り、なんとかなりました。

——青豆ハウスは、なんとかなる家なんですね。

ちはる　なんとかなる家になっちゃったのは、だらしない人の集まりだからです。

とみー　（青木）純さんは免許を忘れ、また同じ日に別の住人はパスポートを忘れ、ホントしょうがない。みんなで手に汗握って、受け渡しに成功すると盛り上がってハイタッチするというね。ドラマチックな時間を量産してますよね（笑）。

意見が合わない時は、みんなでもっといい答えを探す

——人間関係が難しくなることはないのでしょうか？

あやーん　考えてみたら、一対一のコミュニケーションには重きを置いていませんね。個人的に会っている時でも、全体のなかでのその人、という感覚です。たまたまその人と関係の近いタイミングに一緒の時間が生まれるだけなので、関係が固定化されないんですよね。

ちはる　飲みに誘うと〝ひよこ〟なら一緒に行ってくれて、ライブは〝はな〟が乗ってくれる。その時々で近さが違うので、誰かと仲良くなりすぎて他の人と距離が開くこともないです。

ゆっきー　日々起こる問題について話しあう時には、それぞれ意見が合わないこともあります。外の花壇に犬の糞やごみが捨てられていた時にどうしたらいいかとか。ただ、「絶対Aだよ」「いや絶対Bだよ」と自分の意見に固執せず、別の答えを探す柔軟性がみんなにあるので、ちゃんと話しあえるんですよね。結局は「そういう着地でよかった」と思える結論が出ます。そもそも話しあっている

最中から「きっと何か新しい答えがあるはず」と思っているし。

とみー　大雅（青木家の長男）が青豆ハウスを離れて遠くの高校に行くことになったんですが、送り出す時に渡すプレゼントの意見出しでは全員違うことを言っていました。大雅への思いが強すぎて、彼に役立つものは何なのかそれぞれが深く深く考えた末にバラバラなものを挙げるというね。まあ、ぜんぜん決まらなかったですね。みんな言いたいコトを全部言い、でもヒトの話も聞く。最終的には投票で決めました。

あやーん　十分に議論し尽くしたたし、何に決まってもいいやという気持ちになりましたもんね。摩擦を避けるのでもなく、誰かが強い矢印を持って誘導するでもなく、みんなで正直な話を重ねながらいろんなことを乗り越えていく。入居時に「こういう人たちとなら暮らせそうだな」という（青木純さんのフィルターで選んでもらっているからだろうなと思います。

——自分の個性やこだわりを表現しても、雰囲気が悪くならないのですね。

とみー　はい。青豆ハウスで暮らすまでは、自分のこだわりについて口に出してはいけないと思っていました。集団の輪を乱すことになるから、と。ここにいる安心感は「私はこう思う」と言って、それが通らなかったとしても受け止めてくれる人たちがいること。そして全体として大きな方向で間違わないことだろうなと思います。

ちはる　全員にアイデアや考えがあって、話しあっているうちに自然と1人1人を尊敬しちゃうんです。それで、足りないところはそのまんま「あなたはそうなんだよね」とすんなり認めあえる。安心しますね。

ゆっきー　そう、多様な考えに触れ続けていると、価値観が狭くならないですね。もし夫婦だけで暮らしていたら、その中で完結して自分が閉じていく気がします。7〜8世帯いると関係性が閉塞しないのがいいです。

とみー　私の両親は家族主義で、家庭生活に他人が入ってくるようなことはほとんどなかったんですが、ここは夏祭りがあったり、まめスクがあったり、いろんなお客さんが来たりと、家族をひらく時間が割とあります。そんな時、住人それぞれが持つ力やこだわりを発揮することで、家族だけでは到底体験できなかったレベルの楽しさを味わうことができるんですよね。自分が得意じゃないことも、誰かの得意だったりするから、集まるとできちゃうというね。

ゆっきー　そうした体験を積み重ねてきているから、「今回もきっと、最終的には『おおお！こんなやり方があったんだ！』に辿り着けるんだろうな」という期待と安心感がベースにあります。

あやーん　こんなコミュニティは滅多にないので、もし「〝ひよこ〟は態度が悪いから出ていけ」と言われたら、途方に暮れるだろうな（笑）。

親以外の価値観にも触れて育つ子供たち

――青豆ハウスは子供がたくさんいますが、子育てしていてどう感じますか？

ちはる　私の実家はいつも宴会をやっていて、家族以外の人間が家の中にしれっと居ることがよくありました。父が知らないお兄さんを連れてきて「公園で会った、今日はウチに泊めるから」と言われるとかね。東京から秋田まで自転車でやってきて野宿をしていたその人に、母は普通にご飯をふるまっているわけ。そういうの、とっても嫌でした。私は独りが好きで、静かに過ごしたいのに。

結婚後、息子が生まれてからも親子でずっと家に居ることが全然苦じゃなかったです。だから青豆ハウスで暮らすことになって、続くのかね、と思っていました。家族以外が一杯いる暮らしなんて疲れそうで。でも今では、青豆ハウスのみんながいるこの状態が心地よくて、親2人の価値観しかないなかで子供を育てる自分をイメージできないです。

とみー　ひょっとしたら青木夫婦よりも、まわりの大人の方がその息子（大雅）の姿をたくさん目撃してたかもしれない（笑）。大雅が青豆ハウスを旅立つ時、「いろんな大人がいるなかで育ててもらえてよかった」とスピーチしてくれて……。もう、あの時は泣けました。中学時代って普通は、親と先生くらいしか語れる思い出のある大人がいないですよね。彼にとって、自分たち大人はどういう存在なんだろうなと考えます。

そういえば、娘が青豆ハウスの子たちのことを「仲間」って言うんです（笑）。友達でもない、家族でもない、って。

ゆっきー　面白い！仲間って友達より距離が近いのかな。

とみー　保育園の友達も結構な時間一緒にいるから、仲間な気がするけれど、本人の中では分けて考えているみたい。すごく興味深いよね。

暮らしの器から、仕事や地域とつながる場所へ

――住人の入れ替わりなど環境の変化があった時、どんなことが起こりますか？

ゆっきー　年を重ねるにつれて、青豆ハウス独特

のカルチャーが緩く築かれてきているので、新しく入る方は不安かもしれないですね。目に見えない不文律があり、それは言葉で示せるものではない空気感なので、住んでいる側から伝えるのも難しくて。だから、お互いが馴染むのに時間がかかってしまうのは当たり前だし仕方がないな、と思っています。今までここにある空気と、入ってきた新しい空気、その二つが混じりあって均質になってきたなあというのが1年経ったあたりです。短時間で均質化しようとせず、急かさず、出しすぎず、出さなすぎず、無理せず、馴染む感じを待っています。というのも、自分自身も、空間を住みこなすのにも場所に慣れるのにも時間がかかるから。

とみー　新しい住人がいてもいつも通り気を遣わずに暮らして、1年くらい経つともう、10年目、6年目、といった居住歴の違いがわからないくらいの感じになりますね。

ゆっきー　ね。もう住んでいない初代の住人とも関係が続いているしね。

ちはる　そういえばこの前、青豆ハウスの前を通りかかった若い子たちが「ここに住んでる人たち、仲がいいんだぜ」と話していたんですよ。あはは！「仲がいい」という言い方はちょっと違和感があるけれど、たとえば他の家の音がしても「いちくんの足音だ」「りこちゃんが空手の練習してるね」と想像して楽しんでしまうところはありますね。一般的には騒音だろうけど、音の先にある人の顔が浮かぶようになっちゃう。そうなると、居住歴の長さなんてどうでもよくなります。

──これから青豆ハウスはどうなっていくと思いますか？

ゆっきー　ここで暮らした子供が独立して出ていったら、若い夫婦としてここに戻ってきたらいいなあ、なんて想像します。ここが生まれ育った場所なんだよ、とその子供に伝えながら。あれ、その時、私はどこにいるかかな。

ちはる　「茶豆ハウス」になって、みんなで一緒に歳をとればいいんじゃない？（笑）だって次にどこに行っていいか、わからないから。今と同じかもっと優しい時間が流れている気がします。

とみー　ここで10年暮らしたことで、仕事ではなく家の方に人生が引っ張られているな、ここでの生活が仕事とはあまりつながっていないな、と感じることがあったんだけど、「まめスク」を開いた時に自分の気持ちにとてもフィットしたので、そういう状態を仕事でも体現できたらと思っています。

ゆっきー　私はコロナ前後に在宅ワークが普通になって家に居る時間が長くなったことで、働くことと暮らすことが無理なく同居できる感覚が持てるようになりました。また、青豆ハウスに住んでから畑を始めたことで生活と農業が近くなりました。葉っぱを見るだけで植物名がわかるようになり、知識が身についたのも嬉しくって。私としては、自分の仕事と暮らしがもっと寄り添うような形がつくれたらいいな、なんて妄想しています。

このあたりでは大きなお祭りが少ないから、青豆ハウスで夏祭りをするとご近所さんも結構覗きに来てくれます。このご時世、町内会もない、PTAもなくなる、と人々がつながる拠り所が失われているので、青豆ハウスが地域と連携してできることがもっとある気がしています。

ちはる　青豆ハウスみたいな他の賃貸住宅ができても面白いですよね。点が増えていき、面ができるような。

とみー　これからの時代、そんな賃貸住宅同士の連携プレーが生まれるといいですよね。そうしたら青豆ハウスは、新たな役割を果たすことになるんじゃないかな。

3章　飲食店をひらく
――都電テーブル

飲食店は幸せを生みだす現場

1

洋食屋の倅《せがれ》に生まれて

僕がとても大事にしている飲食事業「都電テーブル」について話す前に、この事業につながる小さい頃の父との思い出を紹介したい。父は僕が小6の時に大家業を継いだが、それまでは洋食屋を経営していたこともあり、料理人として生き生き働いていた頃のイメージの方が僕には強く刻まれている。そして、飲食に情熱を傾ける血こそ、自分が受け継いでいるのではないかと感じることも少なくない。

父は、料理学校で出会った母と結婚し、代官山にある洋食レストラン「小川軒」で修行をしてシェフになった。僕が生まれた頃には、実家の賃貸住宅の1階で「キッチン青樹」を経営しており、その後「香味亭」と改名した。昭和の古き良き洋食屋さんといった風情で、近所の誰もが気軽に足を運ぶ、そんなまちの食堂として親しまれている店だった。

父は1日中ドミグラスソースをかき回し、キャベツを刻んでいた。そんな調理中の父の姿をカウンター席から見ると、どこかピリピリしていた。1人で厨房に立ち、包丁を振るう。忙しい時や思い通りにならないことがあると怒号が飛ぶこともあった。お客さんを相手にしているというより、あれは純粋に料理に向きあう姿だったのだろうと思う。店のメニューはカニクリームコロッケ、生姜焼き、ハンバーグなどどれもとても美味しかったが、とりわけミートソースは絶品だった。あの深い味わいだけは、どうしても再現できない。父のつくるドミグラスソースは当時ちょっとした評判で、近所にあった某食品メーカーがつくる業務用ドミグラスソースは父の味に似せていると噂が立つほどだった。

今にして思えば、個人経営のレストランにしてはなかなか広い店内で、入ってすぐの右側には厨房の見えるレンガ調のカウンターが伸び、お客さんがずらっと並んで座っていた。その向かいにはくつろいだ雰囲気の畳敷きの小上がりが設えてあり、店の奥に広がるテーブル席からは大きな池のある庭がよく見え、庭の奥には当時、父の生家に隣接していた蔵が佇んでいた。

ちなみに僕たち家族の住まいは店の入っていたマンションの4階にあり、夕飯には店で炊いたご飯をもらっていたので、おひつを持って店と家を行き来するのが僕の役割だった。おひつにご飯を移す時、空気を入れてほわっと盛ると美味しそうに見えることも学んだ。食べ盛りだった僕はふっくら炊き立てのご飯を見ると2階に運ぶのさえ待ちきれず、こっそり蓋を開けて途中でもりもりと食べてしまうこともよくあった。「落としちゃった」とウソをつくのだが、きっと親にはバレていただろう。

父と母と5人ほどのパートさんが働くこの店はとても繁盛していて、昼は特にお客さんが絶えず、土曜日は、午前中に学校が終わって帰ってくると店の前に大行列ができていた。父からは「店に入る時は『ただいまー！』って大きな声で言うんだぞ」と言われていたのだが、それは列に並ばず店に入れる〝家族の証〟だからだ。カウンター席の一番手前が僕の指定席で、お昼ご飯に好きなものをつくってもらえた。客入りが落ち着くアイドルタイムには厨房に入れてもらい、フロートを自分でつくらせてもらうこともあった。店ではよく顔なじみのお客さんに声をかけられ、まちのいろいろな大人たちが身近だった記憶がある。

父の料理を食べながら「旨いって、すごいなあ」と、子供ながらに思った。厨房ではふきげんな声を出したりして、お世辞にも人当りがいいとは言えない父の店を、母が細やかな接客で切り盛りしながら支え、美味しいものを食べたい人が集うことでしっかりと繁盛する。僕はそんな店にいる時間が大好きで、まちのみんなが集まってくるほど美味しいものをつくれるシェフが自分の父親であることが、とても誇らしかった。

仕事中は張り詰めているように見えた父だが、客が途切れたタイミングで一息入れている時は人が変わったように穏やかになった。父と僕と2人だけで会話する時は特に優しかった。厨房でのイライラした姿もありのまま受け入れることができたのは、仕事に対する情熱とふきげんさは表裏一体のものだと、子供ながらに理解できたからだと思う。

店が定休日の日曜日には、家族でドライブをして、夜は外食にするのがわが家の決まりだった。「これからはこういう店が流行るぞ」と言いながら、いろいろな店を渡り歩いて食べるのは楽しいひとときだった。

1980年代前半はまだ、まちなかに個人経営の飲食店がたくさんあり、そうした店の個性がそのまま、まちのアイデンティティとなっていた。仕事帰りに自分の暮らすまちの店にふらっと立ち寄る勤め人たちが、まちの個人店を支えていたということでもある。

飲食店という「幸せを生みだす現場」

その後、3～4年ほどの間に、父の店は次第に暇になっていった。あんなに行列ができていたのがウソのように、夜の客入りもまばらになった。時代は、ガンガン仕事をしてバンバンお金を使うというバブル景気の真っただ中。大手居酒屋チェーンが全国各地に次々と開店し、会社帰りに寄って安く飲んで小腹を満たせる店に客を奪われ、まちの小さな飲食店は大きな打撃を受けた。

父の店も御多分に漏れず、常連離れの憂き目に遭った。来ない客を待つことほど辛いものはない。客を待たせてはいけないとフル回転で働く日々を知っていればなおさらだ。「ここで店をやっていても、難しい」と、父と母は日々不安を感じていたと思う。香味亭の入っていた賃貸住宅の建て替え計画が本格的に進むにつれ、いったん店を閉じる覚悟をした。1986年のことだった。

2年後、賃貸住宅の一部が新しく建て替えられた。かつては「建て替え後はフレンチを開くぞ」と息巻いていた父だったが、持病のヘルニアが悪化したこともあり、以降、店を構えることはなかった。香味亭がこの世からぷっつりと消えてしまったのは、少なからずショックだった。香味亭は未来永劫ずっとあるものだと、子供の僕は何の根拠もなく信じていたからだ。

飲食店が好きだった僕は、大学生になってウェイターのアルバイトを始めた。今はなき、池袋パルコの「チロル」という店だ。赤と白のチェックのテーブルクロスがかかり、テーブルごとにペンダントライトが下がる薄暗い店内は当時の若者たちの心を掴み、池袋界隈のデートスポットにもなっていた。

ウェイターをしていると、「お待たせしました」と料理を運んだ時の嬉しそうなお客さんの顔や料理を口に運んで「美味しいっ」ととびきりの笑顔を間近で見ることができる。これが最高に幸せだった。僕は飲食が本当に好きだなあ、お客さんの笑顔が見られる商売っていいなあ、と心の底から思えていた。チロルのパスタはどれも非常に美味しくて、この美味しさこそが、お客さんの笑顔に直結していた。

美味しい料理は、人を幸せにする。小さい頃から何度も実感していたが、自分が美味しい料理を出す現場で実際に働いてみてその感覚は確信に変わっていった。こうして自分の記憶に刷りこまれた「幸せを生みだす現場」のインパクトは忘れがたく、不動産会社に入社してからも「いつか飲食をやりたいなあ」と漠然と思っていた。まさかそれが実現することになるとは、当時は予想だにしていなかった。

2 まちの〝もうひとつの食卓〟をつくる

仲間とまちにダイブする

僕が家業の大家を務めていた頃、賃貸住宅の事務所テナントに空き室が出た。大通りに面した2階の角地だ。DVDのパッケージ作業をするために使われ、長くブラインドが閉めきりになっていたこの部屋のコーナー窓からは、人通りがよく見え、通りから仰ぎ見ると中の明かりがよく見えた。

当時この賃貸住宅の2階にはコワーキングスペースとキッズスクールが入居していた。この

左／都電ラーメンの原型となった「なるたけ」の出汁のラーメン
右／当時の「なるたけ」の店内、店主の馬場祐介（右）

角部屋も含めて1階、2階はまちにひらかれた機能を入れられないかと考えていた。とはいえ、願うようなテナントを入れるのは容易なことではない。きっと苦戦するだろうなと予想しつつ、同時に絶対妥協しないぞという大家の覚悟を固めていた。

ちょうどその時期、目白の「なるたけ」という小料理屋に足しげく通っていた。ここの和食は本当に質が高い。店主の馬場祐介（２０６頁参照）は素材にこだわり、自ら産地に足を運んで選ぶこともあるという。徹底的に洗練された味は絶対に客を裏切らない。この店は、目白の誇りじゃないだろうか。

２０１３年8月、早稲田で「こだわり商店」という食料品店を運営する安井浩和（２０６頁参照）、「らいおん建築事務所」を運営しつつ目白・鬼子母《きしも》神《じん》のまちづくりに腐心していた嶋田洋平と一緒に都電沿線エリアのまちづくり会社「都電家守舎」を立ち上げた。僕らは「美味しいご飯が食べられるところがないと、まちじゃないよな！」と言いながら「なるたけ」の料理に舌鼓を打つ仲間だった。まちには美味しいご飯が食べられる場所が必要だと公言する一方で、まちにひらきたいと考える空き物件を抱えているという状況。飲食店経営の厳しさも、大家業の難しさも知っている僕は、この二者をマッチングさせればいいじゃないかと気楽には考えられないくせに、どこかで夢を追うようなことを考え続けてもいた。「ここで飲食店ができたら最高だな」と。

そんな考えが心のどこかにあった時点で、もう発車音は鳴っていたのかもしれない。この夢想が現実のプロジェクトとして大きく動きだしたのは、2階の空き室の情報を都電家守舎のメンバーと共有した瞬間だった。なるたけの馬場の直感が知りたくて、現地を案内しながら「ここで飲食、できると思う？」と率直に聞いた。本気で取り組まないと怪我をする手強いプロジェクトを前にした時は、現役飲食店主の厳しい意見を聞くことが重要だ。

ただ、馬場は物件を見る前から根本的に乗り気だった。物件の条件の良し悪しで店をやる／やらないを判断するのではなく、もっと本質的な部分で僕たちは共鳴しあっていたのだと思う。それは飲食に対する思いでもあり、まちへの思いでもあり、暮らすことへの思いかもしれない。

都電家守舎のメンバーみんなで物件の中も外も丁寧に確認し、まだ見ぬお客さんを想像しながらアイデアを膨らませ、ネガティブチェックもする。40席ほど確保できる、決して小さくない規模の店内をどうつくるか、お客さんにどんな時間を過ごしてほしいか、現場にいるといろいろな思いが湧き上がってくる。飲食店はまちや人々の状態をじかに感じる場所だ。この生々

上／都電家守舎の立ち上げメンバー。左から、馬場祐介、安井浩和、嶋田洋平、青木純
下／現在のメンバーは、安井、青木、馬場の３人

都電テーブル1号店オープン時に開催された第1回リノベーションスクール@豊島区

しさこそが、僕が恐れつつも欲していたものだった。

　馬場の目をのぞき込むと、まったく迷いのない強い眼差しをしていた。「俺やります。青木さん、やりましょう」。誰も開業に対して躊躇しなかったのは、僕たちらしいなと思った。ギリギリまでリスクについて考えるが、それはリスクを引き受けるためのプロセスであり、やらない理由探しではない。

　馬場も都電家守舎に取締役としてジョインし、僕たちはまちにダイブした。ダイブしないと見えない風景がある。リスクと対峙し、モチベーションや人間関係や視野も変化するはずだ。それが丸ごと楽しみになる瞬間こそが、プロジェクトの始まりである。

　この店には、「都電テーブル」と名づけた（10〜11頁参照）。まちの住人たちの〝もうひとつの食卓〟をつくりたい、という思いと、都電荒川線沿線に「都電テーブル」をつくり続ける、という意志を表す名前だ。結果として、この店は第1回「リノベーションスクール@豊島

上／都電テーブル１号店の改装前、下／改装後の店内

区」のパイロットプロジェクトとなった。

常識にとらわれない大変さと面白さ

外食をすると、どこか罪悪感めいた気持ちになることがないだろうか。本当は家で食事をした方が体にいいのに、怠けちゃって外で食べちゃったな、というやつだ。僕はそれをどうにかしたかった。

添加物はなるべく使っていない素材で、産地のわかるものをそのまま調理し、体が喜び舌も喜び、お財布が痛まない。都電テーブルでは〝いえめしの外食〟を目指したいと考えた。靴をぬいでくつろげる小上がりをつくり、まるで家のように食卓を親子で囲んでもらえるように設えた。まちの人たちのことを最優先に考えて、夜も定食を出すことにした。仕事から帰って一息つく間もなく台所に立ち、家でも働き続けるお母さんたちが、「召し上がれ」と出されたご飯を子供と一緒に食べながらほっとできたらいい。１人分だけつくるのは大変だからと適当に済ませてしまうシングルたちも、リーズナブルで美味しい料理をきちんと食べて元気に暮らしてほしい。そんな思いをまっすぐ具現化したわけだ。

開業当時出していた“いえめし”の定番、肉じゃが（左）と、今も定番の焼き鮭定食（右）

ただ、都電テーブルをやりながらだんだんと「一般的な外食産業の形から離れた業態」の厳しさがわかってきた。理想の場所のつくり方を具体的に考えるほどに、経営が難しくなるのだ。質を追求して良いものを提供しようとしたら、当然薄利になる。フードロスを減らそうとすれば、今度は仕込みが大変になる。地元のお母さんに働いてもらって職住近接を目指せば、子供の体調不良や家庭の事情を最優先しなくてはならない事態も起こりうる。加えて、そもそも飲食店のない場所に「ここに飲食店があればまちにとっていいはず」と店を出すと、お客さんが入らない。飲食店があると思われていない場所に飲食店があると認識してもらうには時間がかかるからだ。

もちろん、こうした大変さは当初から予想し、覚悟もしていた。それでも日報を見て凹む日がなかったと言えばウソになる。オープン当初は知人友人らが本当にたくさん来てくれて、インフルエンサーの友人が宣伝もしてくれた。外からは「都電テーブル、流行っていてすごいね」

上／オープニングスタッフがお店のムードを温めてくれた
下／オープン当初は知人友人らが本当にたくさん来てくれた

左／プレオープン後にクラウドファンディングを実施
右／グランドオープンには支援者の皆さんも駆けつけてくれた

と見えるだろうが、2カ月目からはそうしたご祝儀が落ち着き、売上げも落ち着いていく現実があった。ランチタイムの店内は活気づくけれど、他の時間はぐっとお客さんが減る。夜の時間帯も、リーズナブルな定食がよく売れていた。夜の飲食で儲けを生みだすことでランチや定食はサービス価格で提供できるという構造自体が無効化すれば、当然売上げは伸びない。「夜の宴会がないと、店が回らない」という父のぼやきが、今さらながら沁みるようにわかった。

そんなに大変なら撤退もアリと考えるのが、普通の商売だろう。ただ、僕らは都電テーブルを立ち上げてからずっと、日報に並ぶ数字には反映されないたくさんのギフトをもらっていた。

この店は、看板もつけず、大々的な告知もせず、「はじまりのはじまり」というプレオープン期間を設けて、まちの住民とごく親しい人に来てもらいながらひっそりと始めた。看板をつけるお金もなかったのでクラウドファンディングを立ち上げたところ、本当に多くの人たちが応援してくれた。「まちにこういうところが欲しかった」「コンセプトが好き!」「旬のものが食べられるなんて嬉しい」と背中を押してくれる一つ一つのメッセージが嬉しくて、不安をはねのけ、前に進む力をもらった。そうしたみんなの応援が集まって看板がつけられ、2015年8月にグランドオープンを迎えた。

飲食店を持つというのはすごいことだなと思ったのは、何より、会いたい人と会えるようになるということだ。「うちの店に来て!」「行くよ!」と誘うと、いろんな人が気軽に店にやってきてくれるのだ。無印良品を展開する良品計画の金井政明会長も東池袋のオフィスからよく足を運んでくれた。陸前高田で地域住民が運営している「陸カフェ」のおばちゃんたちが、次の展開の参考にしたいと研修に来てくれて、昼間から一緒にお酒を飲んだこともあった。

都電テーブル1店舗目のここ向原店は、こうした縁を紡ぐ場所だった。

「ちゃんと〝まち〟しようぜ」。

これが、都電テーブルをつくった時代の僕たちの合言葉だった。まちを〝使う〟だけの立場だと決してわかりえないことが、〝つくる〟ことでわかってくる。

まちに欲しいと思うものは、自分でつくり、そして続ける。都電テーブルも、立ち上げて8カ月ほどしてようやく地に足がついてきた感覚を持てるようになった。まちに馴染む温度はどれくらいか、いくら情熱があるからといって熱すぎてまわりに違和感を持たれやしないか、目指すべき姿は何か、まちにとってこの店はどんなポジションであるべきか、どれくらい基礎体力があれば店が回っていくのか、など勘所は数えればキリがないが、続けることで確実にわかってくる。

店の内側から外側から、さまざまな角度から考え続けていくとまちのこともよくわかってくる。そうすると、自分が生きることと、店が立ち行くことと、地域の人たちがこのまちで幸せに生きられることを重ねて解決する方法が見えてくる。

飲食店はメディアになる

「ちゃんと〝まち〟しようぜ」。この言葉を実現するために、まちに〝ありそうでなかったもの〟を見出し、企画を立てて発信してきた。飲食店という立場を大いに利用し、食べることと生きること、暮らすことをつなぎ実感する時間をつくりたかったからだ。

都電テーブルで提供する料理に使われている食材の生産者を呼び、また消費者である常連客を呼んで引き合わせ、お互いの顔を合わせながら食事をするという機会を設けたことがあった。生産者と向きあうことを何より大事にしている、こだわり商店の安井のご縁だ。

生産者が自分のつくった野菜を食べもらう人の顔を直接見る機会というのは滅多にない。生

左／生産者と常連さんをつなぐイベント、右／料理教室

産者が食材への思いを直接語りかけ、一番美味しい食べ方を再現して食べてもらう。都電テーブルとして考える美味しい食べ方も提案して食べてもらう。食べた瞬間に顔がほころび、「美味しい！」「そうですか、よかった！」「これ好きなんですよね」などと会話が弾む。それまでモノだけを手に入れる消費者と物言わぬ生産者という、隔てられた関係だった両者が結びつくことで、お互いが置き換え不可能な存在となっていく。何より、生産者はそれを喜んでくれた。

　手間をかけないファストフードを食べる人は〝消費者〟だ。生産者の顔を思い描きながら食べることを楽しめば、生活のプロセスを大事にする〝生活者〟になる。そして生活者は、生産者の応援団になっていく。そんなきっかけを都電テーブルという場でつくれることの意義は大きい。何しろこの店にわざわざ来てくれる人たちは、この時点で生産者に最も近い距離にいるのだから。

　さまざまな料理教室も開催した。油づくり、米麹づくり、

左／親子参加のワークショップ、右／雑誌「ソトコト」とのタイアップイベント

無添加のドレッシングづくり。お母さんと子供が楽しめるようなワークショップを生産者と一緒に考えたり、ご飯の食べ比べと日本酒の飲み比べという米づくしの会をしたり、ダンスをしているスタッフを中心に「ダンス教室兼食堂」を企画したり、音楽や映画をみんなで楽しむ夜もあった。

　美味しいものを食べに来ることが目的の人たちの期待は決して裏切ってはならないが、それに〝楽しい〟が加わることで何度もリピートしてくれる常連さんができることがわかってきた。店が流行る一等地とはいえない場所につくった飲食店だからこそ、この店で楽しい時間を過ごしていってほしいという気持ちは大きかった。そんな僕たちの事業は、「食べるものを売る」というより「時間を売る」という感覚の方が近いかもしれない。一方で、経営を考えると「お店に長く滞在する楽しみを創発しないと店として生き延びられない」という厳しさも感じていた。まちと店が同時に良くなるために、スタッフも僕も創造力をフル回転させた。

こうして〝食べる〟まわりのことに思いを巡らせ場をつくり続けるうちに、「飲食店は、メディアになる」と気がついた。引き合わせたいアレとコレのマッチングもできるし、現場の情報も発信できるし、美味しいものに引き寄せられた常連同士のネットワークも構築できる。メディア化するのが目的ではなく、あくまで美味しいものを食べるのが目的なのだから妙な嫌らしさがない。

蓮池陽子さん（中央）と有機トマトを使った無化調の体にやさしいケチャップづくり

加えて、実在する場所がメディアであることの強みは、そこで偶然の出会いが生まれることだ。レシピ開発で有名な蓮池陽子さんと店で遭遇したのは最も驚いた出会いの一つだ。「なるたけ」の馬場祐介との共通の知人を介して来ていた彼女は、僕と同じ幼稚園に通っていた幼馴染の同級生だったのだ。何十年という時間を超えて僕たちはあっという間に打ち解け、店の話をしているうちに都電テーブルのメニュー開発を彼女が手伝ってくれることになった。地元で生まれ育った陽子さんが関わってくれるのは、何より心強かった。どんな店を、どうしてつくりたいか、というとても大事な部分をすぐに理解し、共鳴してくれているのがわかった。

その場所に居合わせた人たちは、たとえ知り合いでなくても「その場所を好きな人同士」だと言える。そんな人たちが居合わせれば自然とコミュニケーションが生まれ、ビジネスが生まれることもある。こうした出会いの場づくりはまさに、公共空間的発想ではないだろうか。

僕はかつて、賃貸住宅でも場所がメディアになるという経験していた。自分の部屋の壁紙を自由に選べる賃貸住宅だったから、新しい住人に「あの部屋の住人はこういう壁紙が好きなんですよ」と話すと、「それ、私もいいと思ったんだ!」と同じ感覚を共有して、別の住人に対して親密な気持ちが湧き上がるきっかけになるのだ。賃貸住宅よりもひらかれ不特定多数の人が利用する飲食店は、場所の力がさらに増す。

そう考えれば、飲食店はまさに誰でも入れて、会話を楽しんだり、食事を楽しんだり、ゆっくりと時間を味わうことができる公共空間だ(10頁参照)。自分の家に人を招くのはなかなか敷居が高くても、誰もが自分の場所だと思えるような飲食店が家の近くにあれば、そこが自宅のリビングの延長になる。

自分の家の近くに魅力的な公園があると、それが住まいの価値の一つになりうるように、リビングのように使える魅力的な飲食店があるとそれも住まいの価値になる。たとえば、賃貸住宅の1階で飲食店をひらく、といったビジネススキームが確立できれば、大家にとっても住人にとっても幸せなことになる。自社の物件なら家賃はかからないし、開店前から常連候補を抱えているようなものだからだ。まちにひらかれた公共空間を営む賃貸住宅が連なるまちは、ますます居心地のよいものになるだろう。

リノベーションまちづくり構想の提唱者である清水義次さんは、「都電ネックレス構想」を謳っている。都電沿線に魅力的な事業を展開し、それらが数珠つなぎになるというものだ。都電テーブルを始めた僕たちは、向原店に続いて大塚店（２０１６年）、雑司が谷店（２０１７

上／大塚店、中／鬼子母神店、現在は2店とも閉店
下／2022年にオープンした東尾久3丁目店

上／早稲田店、下／雑司が谷店

年)、早稲田店(2018年)、鬼子母神店(2018年)とそれぞれのまちに都電テーブルを置きながら、暮らしを楽しめるまちのピースを一つずつ増やし、つなげていった。

3 まちの居心地を温める仲間と働く

職住近接で、まちのお母さんに働いてもらう

まちで都電テーブルをひらく理由の一つに、豊島区で暮らすお母さんにこの店で働いてほしいという願いがあった。どんなお客さんが来てくれるだろうかとドキドキしていた開業当初、お昼時に店の前にママチャリが並んでいるのを見て、胸の内が熱くなった。このまちで子供を育てている人たちが安心して使ってくれる場所になることが、本当に嬉しかったのだ。そして改めて思ったのは「ああ、この人たちに店で働いてほしいな」ということだった。お客さんとして来てほしい人と働いてほしい人が同じだということに気がついたわけだ。

家と職場が近くて融通が利けば、子育てとの両立というハードルがぐっと低くなる。子供は突然発熱したり、怪我をしたり、常に不測の事態を巻き起こす存在だ。保育所に預けていたとしても「お母さん、すぐに迎えに来てください」という連絡がいつきてもおかしくない。「今日も1日元気に過ごしてね」と祈るような気持ちで保育所に預けてはいるものの、何かあったら職場に迷惑をかけるというプレッシャーを感じて仕事をしなくてはならない。そんなお母さんたちが、少しでも不安なく働ける場がつくれたらと願っていた。

都電テーブルのスタッフとして働いてくれるようになったお母さんたちとは、シフトにとらわれず柔軟に働ける環境づくりを進めていった。これはお母さんたちの働き方改革でもあったが、店にとっても発見の連続だった。店のすぐ近くに暮らしていたスタッフからは「自転車で駆けつけられるんで、忙しい時にはいつでも声かけてください」と言われていて、これはとても心強かった。忙しいランチタイムの1時間だけ手伝ってくれることもあった。「お客さんがいない時は帰りますね」という身軽さもあった。保育園で感染症が流行してスタッフの確保が難しい時などに声をかけると「今入れますよ！」と来てくれることもあった。彼女にとってはそうした働き方にストレスがなかったのかもしれず、運営側としては「神様がやってきた！」という助かり方をするという、需要と供給がかみ合った状態ができた。仕事が終わると、まかないを持って帰ってもらう。きっと家でも立て続けに家事をこなしているに違いなく、少しでも家でホッとしてもらいたいからだ。

〃職住近接〃の良さは、働く現場にも住まいにも安心できる信頼関係があってこそ引き出せる。雇用側も被雇用側も状況が変化するなか、店づくりにとって欠かせないのは、お互いに気持ちを交わすことだ。スタッフの居心地がいい状態はすなわち、まちの居心地がいいことにもなるからだ。

まちの人の心身の拠り所となる食堂

都電テーブルには、まちへの関わり方に対して一貫した姿勢を持っているスタッフがいる。オープニングスタッフとして向原店で働き始め、後に鬼子母神店に入り、今は早稲田店を中心に全体をマネジメントしている鈴木深央（みひろ、206頁参照）だ。彼女はずっと「都電テーブルは、家庭を応援する飲食店でありたい」と言い続けていた。共働きのお母さんが誰よりも家庭生活の負担を背負って働いている姿を、まちや店の中でずっと見続けていたからだろう。職場から保育所にお迎えに行った後、子供を抱えてスーパーで買い出しをし、家で急いで食事をつくって子供に食べさせて、自分は後から適当なものを口に入れるという忙しい日々に、飲食店として何かできることはないか。帰りに都電テーブルでワインの1杯でもひっかけていってくれたら、疲れた心身をリラックスさせて少しでも元気に暮らしてもらえるのではないか。そのために自分たちのできることは何だろうか。店づくりに対する彼女の静かな情熱と追求心は、都電テーブルの屋台骨になっている。

普段はお世辞にも愛想がいいとは言いがたいみひろだが、常連さんに対してはとことん優しい。彼女に会いたくて通うお客さんがいるほどだ。営業スマイルではなく、「来てくれてありがとう」という気持ちが溢れた笑顔でお客さんを迎えるから余計に届くのかもしれない。そうした彼女のホスピタリティは、家庭運営に忙しい世代の人たちだけでなく、第一線を退いてさみしさを抱える高齢者たちの心も支えるようになった。つくる人と食べる人がコミュニケーションを深めていくことで、飲食店はまちの人の心身の拠り所にもなっていく。飲食店は公共空間かもしれないと先に書いたが、彼女のいる空間は一歩進んで、福祉の域に到達している気もする。「みひろにしかできない仕事をしているなあ、替えがきかないよな」と僕が思わず声をかけると、はにかんで笑うだけだ。でもそうした役割を受け止め、責任とやりがいを感じて働いていることが伝わってくる。

大隈通り商店街の一角にある都電テーブル早稲田とこだわり商店は向かいあって立地する

手前左から時計回りに、梶谷智樹、鈴木深央、安井浩和、馬場祐介、都電テーブル早稲田にて

生産者とお客さんからの信頼にこだわる食料品店

都電テーブル早稲田の窓際に座り、道の向こうを見ると、まさにド正面に「こだわり商店」がある。安井浩和の経営する食料品店である。名前の通り、安井がこだわって仕入れた食材だけが並ぶこの店は、地域の人気店だ。早稲田店のスタッフたちは必然的に安井の働きっぷりを毎日見ながら過ごしている。一度仕入れた生産者のことはずっと支えていく姿勢や、自分のことを頼ってくるお客さんにとことん付きあう様子、まちに向きあう日々を一番近くで見続けている。

こだわり商店の〝こだわり〟とは、仕入れるモノの質だけではない。そのモノができるまでの生産者の苦労や喜びなどを知り、うまく収穫できた時もできなかった時もトータルに付きあい続けて信頼関係を築きながらいいものをつくってもらうという〝こだわり〟なのだと僕は受け止めている。店にはしばしばお客さんから「こないだ買った商品、すごく美味しかったよ」という電話がかかってくる。売って終わりではなく、お客さんとコミュニケーションをとり続けて彼らの暮らしの質を上げることまでを大事にしているのも安井の〝こだわり〟である。お父さんの経営していたスーパーを受け継がずにいったん閉店させ、「まちの人たちと血の通った関係性をつくりたい」と商店街に自分でいちから立ち上げたこだわり商店は、どこにも逃げがない、彼の生業そのものだ。

みひろは、早稲田店に来てからぐっとやる気が増したようだった。こだわり商店の目の前で働くことで、今まで見えていなかったさまざまな人の関係が見え、努力が見え、こだわり商店と都電テーブルが一枚岩になってよりよいまちをつくっていこうとする志が明確になったのかもしれない。この志が、新型コロナウイルス感染拡大の時期の僕たちのふるまいを誘導していったようにも思う。

4 コロナ禍を乗り越える新しい挑戦

コロナ禍の勇気と覚悟

2020年、誰もが予想していなかった新型コロナウイルスの感染拡大は、僕たちの日常を一変させた。幼い頃からテレビで僕たちを笑わせてくれた人が突然この世から消えた衝撃は今でも忘れられない。当たり前のようにあると思っていた昨日と同じ明日がこないかもしれないという恐怖がひたひたと迫ってきた。

4月に緊急事態宣言が出る1週間前、僕は都電テーブルのスタッフに連絡を入れた。「飲食は感染拡大を引き起こす可能性の高い場所だ。まちのために、都電テーブルのためにいったん閉じよう」。スタッフはどうも納得できない様子だった。世間がまだうろたえながら身の振り方を決めかねている時点で、あわよくばこのまま感染が収まってくれればという淡い期待もあったからだ。

「これから客入りが増える時期なのに……」という言葉を漏らしたのは、雑司が谷店の店長、梶谷智樹（カジ、206頁参照）だった。雑司が谷店はまちの一角に佇む小さなラーメン店

コロナ禍に毎週のように続けたウェブミーティング。当時は希望を探すのに必死だった

で、カジのつくる都電ラーメンのおいしさは業界でもちょっとした評判になっていた。温かくなる春以降はまるで屋台のように建具を開け放ち、立ち寄り客が増えてくる。待ちわびていたこの季節に休業だなんて、カジには納得しがたかったのだろう。「店を続けたいのは、スタッフも僕も一緒だ。でもスタッフも、お客さんも、絶対に感染させたくない。みんなをコロナから守るために休むし、それは店を潰さないために休むことでもあるんだ。大丈夫。絶対に店は潰さないから安心して」。お客さんを第一に考えているカジに僕の真意がほどなく伝わり、スタッフ全員が納得してくれた。店にある食材を使い切った時点で、都電テーブル全店舗は世間より一足先に一時休業に入った。その後、自粛要請によりまちから人が消え、飲食店は開けるも地獄、閉じるも地獄という状態に置かれることになった。

安心して休んでなどと平然を装っていた僕だが、実際は閉める勇気を振り絞ったと言っていい。家賃だけが出ていく状態が続けば、資金はあっという間にショートしてしまう。持続できない事業は止めてシェイプアップするというのも順当な選択肢の一つだ。でも僕は、どうしても都電テーブルを続けたかった。

その理由の一つに、自分たちがいなくなってしまうことでまちをつくる一つのピースが失われてしまう、それは避けたいという思いがあった。コロナは「今日も店を開こう」と踏ん張ってきた店から立ち上がる体力も気力も奪っていき、「もう止めよう」と判断してもおかしくないダメージを食らわせていた。そんな時だからこそ、都電テーブルは、まちをつくる1ピースとして残ることを決意した。資金が尽きないよう500万円の融資を受けることを決めるのは怖かった。でもスタッフに「大丈夫だよ、続けられる」と伝えてやる気を維持できた価値はそれ以上だったと思っている。どのみち痛いなら、未来につながる痛みを選ぶ。そういう類の痛みは消えていくものだと知っているから。

苦境だからこそ次々生まれるアイデア

そんなコロナ休業中、カジはお客さんの来ない店内でラーメンの試作を繰り返していた。「店で出せないなら、テイクアウトで美味しいラーメンがつくれないかなと思って」。都電テーブルのラーメンは、添加物が一切入っていない、毎日食べても体にいいラーメンだ。なるべくシンプルな調理方法で手軽につくれて、驚くほど美味しくて、最後の1滴までスープを飲み干すことができるラーメン。親が子供のことを思ってつくるように、カジはまちのことを思ってラーメンをつくっていた。

「これどうですか?」と差し出された試作は、冷凍ラーメンだった。汁を湯煎し、麺をゆでればあっという間に完成する。食べてびっくりしたのは、その再現性だった。お店で食べる味

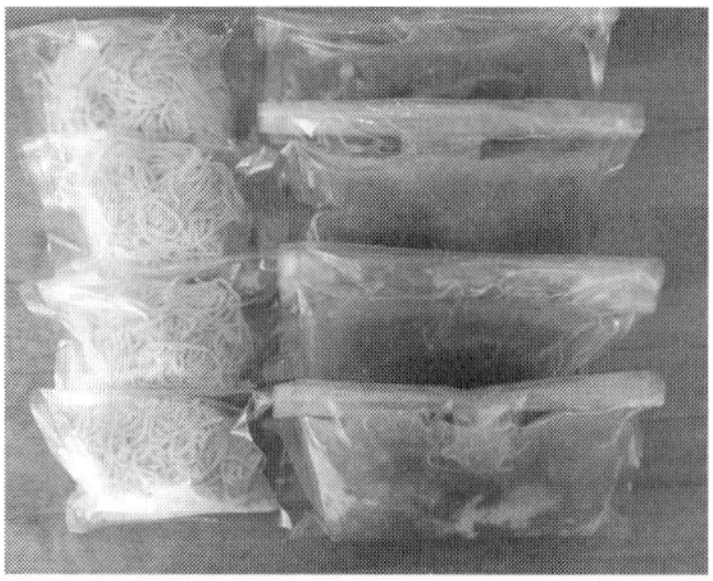

都電テーブルのECサイトで購入された都電ラーメン（左）は、全国のお客さんの各家庭でローカルカスタマイズされ（下）、コロナ禍でも家庭を応援することができた

とほぼ違わないクオリティで、「ラーメンはやっぱりお店でないと」という常識が覆された。

　試作を食べたスタッフから、「都電テーブルは家庭を応援する店なんだよね」という思いがこぼれてきた。店は開けられないけれど、持ち帰れるものをつくろう。あらゆる行動が制限されて我慢し続ける毎日のなかで、美味しいものまで我慢することがないように。家で笑顔が弾ける時間があるように。そんな願いを込めて追求を重ねたカジのラーメンは、実は不安で一杯になっていた僕たちに「こっちの方向に進めばきっと間違いない」という確信をもたらした。自分の店がひとり勝ちすることなんて僕たちは誰も望んでいない。家に暮らし、まちに暮らす人々の人生を少しでも良くするために、都電テーブルは生まれたのだ。そこさえハッキリしていれば、店を続ける勇気が枯れることはない。

自粛解除後も苦境は続いていた。アルバイトの学生を募集してもまちから学生がいなくなり、食材の原価は上がった。店を開けているだけで非難してくる自粛警察が現われたり、他の人に感染させる恐れのある人が出歩いたり、（規制のために）午後10時に閉店すると怒りだすお客さんもいた。

それでも、まちには都電テーブルから離れていかないお客さんがいてくれた。心配してしばしば来てくれたり、応援だと飲食代以上のお金を置いていってくれたり、口コミで宣伝してくれたり。僕たちは、そうして通ってくれるお客さんの体づくりに関わり、彼らの役に立てていることを喜びとして、がんばる力をもらった。原価率を下げたり回転率を上げたりと、収益を上げるためにうまくやる方法はもっとあるかもしれないけれど、「まちの人たちの暮らしの幸せを考える」先にしか、自分たちの未来はない。

コロナ禍の苦しい状況下でも、スタッフはみんな前向きだった。メニュー構成や営業時間など、改善アイデアを出して実践していく。平日には出汁の美味しさを活かしたカレーうどんをつくるようになり、これがたちまち人気メニューになった。コンビニで取り扱わなくなったおでんをラーメン屋で出したらどうだろうというアイデアが出れば、「だったらデポジットで小さなお鍋を貸して、熱々のおでんの入ったお鍋を持って帰ってもらうのはどう？」「あの出汁

コロナ禍にカレーうどんやおでんに水餃子を開発、帰省できない住民のためにお雑煮や節分のいわしの梅煮等の季節の一品や揚げたてのカキフライ、お惣菜の店頭販売も行った。写真は池袋リビングループに出店した都電テーブルのおでん屋

には玉ねぎが合うんですわ。おでんに入れましょうよ」「暖簾をかけたら雰囲気出ますって！絶対」などとチャレンジしたいことがスタッフからどんどん湧いてくる。面白そう！と盛り上がり、さっそく試して大当たりするとみんなで喜び、チーム全体の意欲が高まっていく。

社会の状況は厳しくなっても、自分たちのやるべきことに一本筋が通っていると強い。何をやったらそれを絶やさぬ希望が見えるかチームで考え、細やかなブラッシュアップを繰り返していくことで、その効果が数字に跳ね返ってくるのが見える。これほど地に足のついた収益増はない。

いいことをすると儲からない。この定説をしっかりと受け止めつつ、それで僕たちの心が不安に揺れることはもうない。儲けることはもちろん大事だ。でも、それでやりたくないことをしたり、誇れないことをするなんて、本末転倒だ。店が続くためにすべきことは、都電テーブルがより一層都電テーブルらしくなるための仕掛けをどんどん考えていくことだ。

やりたくないことはやめようぜ。やりたいことをどんどんやろうぜ。そんな踏ん切りをつけられたことで、僕たちなりの飛び方がわかってきた気がする。

5 サービス産業ではない飲食業の未来

ファンとともにつくる新しい飲食業の形

コロナ禍により、当面は続くと思っていた当たり前の日常は突如どこかに押しやられ、代わりにずっとずっと遠くだと思っていた未来が目の前に引き寄せられた。そう僕はそう捉えている。飲食業の厳しさは変わらず今後も続くだろう。つまり、店同士が客を奪いあうほど余裕のある状態はもう過去のことだと言える。店舗空間だってそうだ。自分たちだけで使うのが当た

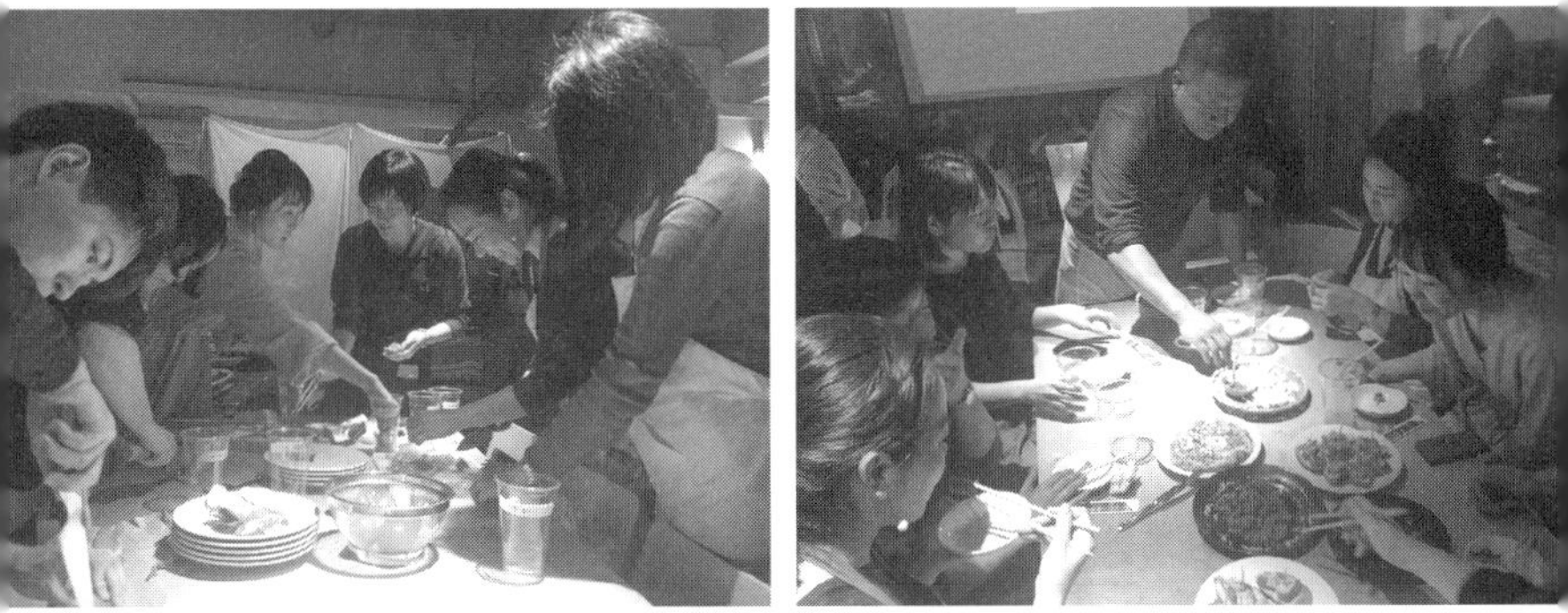

美食倶楽部@都電テーブルの様子

り前、という固定観念は経営上も自分たちの首を絞めていくことになりかねない。

２０１９年、都電テーブルは〝まちのもうひとつの食卓〟になるための試みとして「美食倶楽部」というイベントを開催した。美食倶楽部とはもともとスペイン・バスク地方サンセバスチャンの食文化として定着している取り組みだ。サンセバスチャンのまちには、美食倶楽部の会員の会費で運営しているキッチン付き食堂が１００以上ある。「食はバスクにあり」という言葉があるほど美食を誇るまちの人々は、そこでとっておきのレシピを共有し、自分たちで料理をし、食事を楽しむ。世界中のシェフたちもサンセバスチャンを訪れ、まちにはレシピが蓄積し、人々はまちのファンになっていく。

都電テーブルという場所でもこうしたオーナーシップ制レストランが運営できれば、美食倶楽部のファンからまちのファンがつくられていくと考えた。これがイベントではなく常態化すれば、まちは変わるかもしれない。

都電テーブルの馬場祐介は、「なるたけ」を開業する以前は有名な飲食チェーンに勤務していた。飲食経営の表も裏も知り尽くした彼が一番やりたくない飲食店の形は、なるべく利益率の高い経営を目指し、お客さんが食事代を支払った時点で関係が切れる、というものだ。商売として当たり前のこうした業態に馬場はどうしても違和感があり「飲食はもうしたくないんです」とまで言っている。

彼は、飲食は「手段」だと考えていた。1人では生きていけない人間たちが、少しでも生き心地をよくするためにつながりながら暮らす手段である。一般的な飲食業のあり方にとどまらず、そうした〝つながり〟を生みだす姿勢を持つことが、都電テーブルの課題の一つだと言ってもいい。

美食倶楽部は、会員が毎月定額でお金を払ってその場所を使うことから、常連を可視化できる。常連はその場所を自らが支え、まるで自分の家の食卓のようにくつろぎながら集うことができる。くつろぐためには、その場に居合わせた人たちの中に信頼関係が必要だ。通うことで信頼しあえ、信頼しあえるからシェアキッチンの運営も可能になる。サンセバスチャンというまちが美食倶楽部のファンに支えられているように、都電のまちにもそうした新しい食文化が根づくといい。

これから美食倶楽部を常態的に運営できる時代が来れば、都電テーブルならではの良さをもっと引き出せる気がしている。昼間は今まで通り店を開き、夜は会員がホストの食卓へと変わる。ホストの取り組み内容に合わせて、みひろが早稲田のまちの味を楽しめる食事を提供してもいい。みひろとホストのレシピが化学反応を起こすこともあるだろう。ほっとする居場所であり、出会いの刺激が待つ場所であり、会いたい人のいる場所になるだろう。

さらに先のビジョンとしては、飲食店が家庭に戻っていくことを想定している。まちのお店が「別荘になればいい」という考えだ。その別荘は、遠くの知らない場所にあるのではなく、自宅から歩いて行けるところにある。そして、1日1組の家族だけ受け入れる。ここではみひろがシェフになり、その家族に合った料理をつくる。都電テーブルでお客さんと長く深くコミュニケーションをとり続けているみひろは、子供や高齢者など多様なお客さんの好みもよく知っている。自分のまちにある店だからこそ、お客さんは最高のもてなしを受けられるわけだ。

この話をした時、みひろの顔がぱっと明るくなった。「私、それができれば生きていける」と。ずっとずっとまちにいて、まちの人たちの心の拠り所にもなってきたみひろは、サービス産業ではない飲食店ができるポテンシャルをすでに備えている。まちの人たちと築いてきたつながりは彼女の財産であり、彼女はこのまちの財産となる。

アフターコロナの飲食、それはつながりのデザインの始まりだ。

支えあって生き残る時代のつながりのデザイン

冷静に未来を見つめれば、飲食業はますます厳しくなる予感ばかりする。生産者も、働き手も、客も今後減っていく要素しか見当たらない。そんな時にきっと大事になっていくのは、つながりのデザインだ。人材を一つのレストランチェーンで抱え込むのではなく、生産者ネットワークや飲食店ネットワークをつくって交流させていく。いいリソースを持つ店同士が共同経営することで立て直せる場合もあると思う。〝闘って勝ち抜く時代〟から〝支えあって生き残る時代〟へとシフトしていることは、現状を直視すればわかるはずだ。

そうして人材交流が可能になった地域は、一つの経済圏となるだろう。たとえば「池袋経済圏」があるならば、近隣の練馬や板橋の生産者などから積極的に食材を仕入れる。生産者が自分の食材が消費される現場に足を運び、店主や生活者とつながれば、生産者にもファンができ、地元の生産地を地元の飲食店が支えていく、という構造が成立する（270頁上図参照）。

実はこれは、早稲田の「こだわり商店」が〝生産者とのつながりへのこだわり〟としてすでに単店舗で実践していたことでもある。都電テーブル早稲田とのつながりもそうだ。この循環を地域単位で行うことで、顔の見えるつながりは広がり、支える力の強度は上がり、暮らしのクオリティも上がっていく。

そもそも顔が見えない消費行動によって暮らしが埋め尽くされていると、自分の損得だけが価値基準となり、愛着も応援も何も生まれない。都市生活の良さは因果関係を見ないで済むドライで自由なところにあると思っている人もいるだろうが、つながりのない暮らしの孤独は時に生命を脅かすこともある。〃支えあって生き残る時代〃に、つながりのデザインは生きるための必然なのだと僕は考える。

そしてこれらは、何も飲食業に限った話ではない。まち全体にファンコミュニティが形成され、ファンによって店や地域が支えられ、その地域に暮らすことで人々が生き延びていけるしくみができるといい。

地域の人の健康と日常を支える

コロナ禍は思った以上に長かった。外食を控えるという行動変容はもはやライフスタイルとして定着してしまうのではないかという恐怖もありながら、僕たちはまちにできることをしていくほかなかった。それは、美味しくて身体にいいお惣菜をテイクアウトしてもらうこと。僕たちに限らずどんな飲食店もそうした舵切りをしていたが、実際に店頭でテイクアウトのお惣菜を売り続けるなかで僕たちの中に変化が起きた。

一つは、持ち帰って食べてもらうことは、お店で食べてもらうことより劣っているわけではない、という気づきだ。いい素材を使って丁寧につくったものを提供する僕たちの思いは、テイクアウトだろうがイートインだろうが変わらない。みんなに元気で、幸せでいてほしいという願いがあるだけだ。その願いを叶えられる形はいくつもあり、都電テーブルは時代時代に合わせた形で、柔軟にそこにあり続ければいい。シンプルに〝地域の人たちの健康を支える〟拠点であればいいのだという原点に立ち戻れた気がした。

もう一つは、お惣菜を買いに来る人たちと言葉を交わすのがなんとも嬉しかったことに由来する。店頭で売っていると、わざわざお店に来てくれることのありがたさが身に沁みるのだ。遠くから歩いてきてくれているんだな、お久しぶりだな、雨だけど行き帰りは大丈夫かな、といろんな気持ちで常連さんを迎え、「お元気でしたか？」と立ち話をする。お客さんの中には、そんな何気ない会話とお惣菜を楽しみに通ってくれる人もいた。地域の人の日常を支えるという淡々とした積み重ねは、飲食店だからできることだった。

ようやくコロナが落ち着き、店内にもお客さんが戻ってきたのだが、以前とは何か様子が違った。お客さんが行列をつくりだしたのだ。感染の心配をせず食事ができるようにとテラス席を用意したり、お店で食べる時と同じかそれ以上に思いを乗せた店頭販売を続けるなかで、僕たちのことがまちに少しずつ伝わっていったのかもしれない。

特に都電テーブル早稲田は、学生たちに学食のように使われだした。１２００円という決して安くない定食を食べに来るのは、きちんと食事をしていると実家の親たちが安心するというのもあるらしい。定食の写真を撮って、親に送っている学生もいた。さまざまなメディアが取り上げてくれたこともあり、ちょっと遠くから来てくれる人も増え、食べたら美味しかったからと通ってくれる人たちも現れた。そんな人たちの思いになるべく応えたくて、午前から夜まで通して営業してみたところ、ランチタイムを過ぎた頃に大学の先生たちが食べに来てくれるようになった。

都電テーブルはただの、普通の飲食店だ。特別なことは何もしていない。それでも食べる人を思い、まちを思い持ち続けると、お客さんにそれがきちんと伝わる。その手ごたえが何よりも嬉しかった。

この手ごたえを携えて、２０２２年、都電テーブルは4店舗目を出すことにした。東尾久三丁目店だ。向原店、大塚店は残念ながら閉店したが、現在は早稲田店、雑司が谷店と、この東尾久三丁目店が「まちのもうひとつの食卓」として地域に根をおろしている。

これからもどんな時代の変化が起こるかわからないが、自分たちの思いをきちんと持ち続けていれば大丈夫だと思える。本当に大事なことは、そうそう変わるもんじゃないから。

INTERVIEW

どんぶりの外で考える、普通じゃない飲食店経営

聞き手：馬場未織

馬場 祐介
なるたけ店主／
都電家守舎代表取締役

安井 浩和
こだわり商店店主／
都電家守舎取締役

鈴木 深央
都電テーブル総括マネージャー

梶谷 智樹
都電テーブル雑司が谷店長

都電テーブルの関係者4人に集まってもらった。この中の1人が欠けても都電テーブルは生まれなかったし、育たなかった。辛いことも楽しいこともともに経験しながら、都電テーブルの理念を内側から生みだし続けている仲間だ。僕たちがいつだって“まちの人本位”でいられるのは、4人がそれぞれありたい未来の姿を明確に持っていて、それを都電テーブルに重ねているからだと思う。

変わり者が集まってスタートした、普通じゃない飲食店

——都電テーブルができた経緯を教えてください。

安井　僕は都電家守舎をつくった時から関わっています。青木さんと初めて会ったのは、リノベリングの清水義次さんたちと一緒に青木さんが大家をしていた賃貸住宅を見学した日です。それから美味しいお店に一緒に行ったりするうちにどんどん親しくなり、都電家守舎をつくろうという話になりました。とはいえ、そんな話をしていたのは、大家の青木さん、建築家の嶋田洋平さん、そして小売店を営む自分の3人だけ。そんな時に「馬場っていうすげぇ奴がいるんだ」という話が出てね。彼が都電家守舎の立ち上げに巻き込まれたことで、「都電テーブルをつくろうぜ！」という話がどんどん現実化し、1年も経たないうちに1号店の向原店ができてしまいました。

馬場さんってちょっと変わっていて、〝巻き込まれ力〟が強いんです。自分から上手に巻き込まれていくんですよ。「こんなことできたらいいよね」という話をすると、「いいっすね！それやりましょう！」と言うなり自ら動き始めるような人なんですよ。

——馬場さんが「すげぇ奴」と言われる理由はどこにあるんですか？

安井　とにかく馬場さんのお店で提供される料理はすごく美味しいんです。馬場さんの出身地である鹿児島県の鹿屋の素材の味を上手に生かしたものです。とはいえ、飲食店経営者としては相当な変わり者です。普通の飲食店運営がしたい人ではなかった、だからこそやりたいことには爆進していく

ような印象でした。彼がいたから都電テーブルができたんです。

馬場　いやあ、僕はもう、飲食店自体を辞めたかったんですよ。一般的な飲食店の経営にはなんの興味もなく、美味しいものを出しているという自負もなく。

自分は何ができるだろうかと日々自問自答をしていた頃、青木さんがよくお店に来てくれていたんですが、その時の僕の店の雰囲気は多分異様だったんでしょうね。いわゆる普通の飲食店のように、メニューを外に貼り出してお客さんを呼び込んだり、また来店してもらうためのクーポンやポイントカードといったサービスなんかを全然していませんでしたから。

それは前職の飲食チェーン店での経験が影響しているんです。たとえば大量に仕入れた外国産の食材をうまく化粧をして美味しそうに見せたり、流行りのキーワードを入れたりして集客には手を尽くすけれども、キッチンの中を覗かれたらヤバイ、とかね。一般的な飲食店のノウハウを叩き込まれ、暗黙の了解事項だらけの業界に身を置くうちに、自分の中に不具合が生じてきたんです。「そんな小手先の集客スキルを上げるくらいなら飲食店なんてやらないでいい」という思いが膨らんで。

青木さんはそんな状態の自分に「それでいいんだよ」「待ってるよ」と言ってくれました。飲食店を〝食べものが食べられる場所〟という意味に押し込めないで、「箱として何ができるか」という考え方が、腑に落ちました。

――一般的な飲食店経営にある闇の部分に、強烈な違和感があったのですね。

馬場　客が来ればいい、安ければいい、というのはやっぱりおかしいですよ。僕は自分の地元から食材を仕入れるべきだと思っていますが、それは

〝一般的に売れているもの〟より〝意味のあるもの〟を使いたいからです。売れ筋を使い、安いものを使い、取引先を買い叩く。そういう商売は違うだろう、と思っています。

安井さんの「こだわり商店」も同じ意識でやっていますよね。生産者さんとつながって取り寄せる。言ってみれば僕と同じ変わり者です（笑）。そういった変わり者が、僕らのまわりに集まり始めた。だから都電テーブルができたんだと思います。

「俺らがやりたいのは普通の飲食店じゃない」と、いつも言っていました。飲食店に意味を持たせたい。多分それは、関わるメンバー共通の世界観だったのではないでしょうか。やりたくてもできない、でもこれが真実だ、と思えることがやりたかった。

1人ではできないけれど、仲間がいればできる、と思いました。でもそれって結構、マネタイズが大変なんですよね！（笑）

――言ってみれば前例のない、飲食店を始めるにあたり、どんな苦労がありましたか？

鈴木　私は地方出身なのですが、地方が盛り上がるためのコンテンツになるような飲食を勉強できる仕事がないか探していました。そんな時、「日本仕事百貨」（求人サイト）で「まちのお母さんが働ける場をつくりたい」「自分の暮らしを楽しめるまちがつくりたい」という、都電テーブルのオープニングスタッフ募集記事を見て、普通の飲食店の募集とは違い、私が学びたいことが学べそうだと思って応募しました。

ところが、いざ入ってみると、イベントの仕掛け方、まちの人たちの呼び込み方も、決まったマニュアルを教えられるわけではなく、現場でどうすればいいか、いちから自分たちで模索するという感じで、働き始めた当初はかなり頭も体も使ったなと思います。2015年4月に都電テーブル

1号店がオープンしてから今まで、自分で考えて働くスタイルは新しく入ったスタッフの人たちにも変わらずやってもらっています。

馬場さんはいつも「自分の店でできないことを都電テーブルではやりたい」と言っていますよね。

馬場　うん、地域に対して本気でコミットすることを常に考えています。集客力を伸ばすより、存在意義を表す方が大事、ってね。きっとどの業界でも、第一線で活躍している人は「それは非常識じゃないの?」と思われているけれど実は本質を突くことを実践しているんじゃないでしょうか。

ほら、青木さんがいい例ですよ。部屋の壁紙を自由にカスタマイズする賃貸住宅なんて不動産業界では「それは、ないでしょ」と思われていたこと。それを本気で進めたことで「あんな賃貸に住みたい!」というニーズをあぶり出しましたよね。それって飲食にも当てはまる話だと思うし、一見流行らなそうな高齢の夫婦がやっている店が、実はお客さんにきちんとコミットして深く求められている場合もある。儲かるかどうか、流行っているかどうかなどという表面的な基準ではないんです。

多店舗を経営してわかったこと

——本質を突くような飲食店運営、まさに皆さんの本望とするところですね。

馬場　いやあ、単純に僕、青木さんってすげーかっこいいと思っているんです!本のインタビューだから言っているんじゃなくて(笑)。青木さんのつくりたい世界というものがあり、その「つくりたい世界は、つくれる」と信じている。信じているから、実現するエネルギーのかけ方が半端ない。来ているお客さんが心から笑ってくれることを本気で願っているんです。それを具体的なアクションに落とし込むのはね……現場が大変ですけどね（笑）。課題はたくさんあるんです。5店舗まで拡大したのに現在は3店舗になっていて、大箱の運営がうまくいかなかった経験もあります。

鈴木　1号店の向原店は椅子席と座敷、合わせて40席くらいでしたが、都心だとなかなか大きくて大変でした。一方で雑司が谷店はラーメン店で8席しかない。そうすると効率よく儲けることはできないけれど、店に関わる当事者は増やせることにはなりますよね。

馬場　大塚店は複数の長屋群を借り上げて7店舗一気に開業するという大規模事業の中にあった1店舗でしたが、大塚駅周辺の再開発の波に飲まれてしまい、ここから全撤退せざるをえなくなりました。今あの場所は、大きな資本が投下されて、僕たちが時間をかけてつくりたかったことをあっという間に実現しちゃってますね。僕たちは細々ながら、まちの未来をじっくりと一緒に考えていけるまちの当事者を増やしながら少しずつ店をつくっていきたかったのだけれど。どんな形を良いと捉えるかはそれぞれの立場でいろんな価値観がありますから、一概には言えませんがね。

「どんぶりの外で考えろ」という教え

――雑司が谷店は、梶谷さんが1人で回しているお店ですよね？

梶谷　そうです。地元岡崎のラーメン屋でバイトをしていた時、店長の知り合いから誘われて受講したのが「リノベーションスクール＠岡崎」でした。当初は地元でラーメン屋を開業するつもりでしたが、ここでの馬場さんや青木さんとの出会いがきっかけで東京で修行することになり、都電テーブル大塚のすぐ近くに住み始めました。

馬場　そもそもは、僕がリノベーションスクールのライブアクトを務めた時、嶋田さんに「すげぇいいラーメン屋になりそうな奴がいる」とささやかれたのが、カジとの最初の出会いです。その時カジに、「ラーメン屋をやるということは、〝ラーメンを使って何かするという行為に意味がある〟ということ。旨い飯だけつくるのはその場所で生きている意味がないじゃないか?」という話をしました。

鈴木　そのスクールで馬場さんが講演したテーマが「どんぶりの外で考えろ」というものでした。どんぶりというメニューの中をどうこう考えるだけでなく、外の社会に目を向けてアプローチするのが大事だという内容だったんですよね。

梶谷　僕は当時、キッチンカーでラーメン屋をやろうかと考えていて、まちづくりのことなんて一切考えていませんでした(笑)。まさに、どんぶりの中だけで考えていたんです。馬場さんから「お前、さっきからラーメンの話しかしてないじゃないか!」とぶったぎられたのを覚えています。ただ、そのことで視界が開けたんです。まちとラーメン屋をひとつながりにして考えることで、煮詰まっていた世界から抜け出すことができました。

――梶谷さんも、普通ではない飲食店の虜になっていったわけですね。

梶谷　青木さんの熱量がすごくて、巻き込まれていったというのもあります。

馬場　いや、カジも大概な変態だよ(笑)。だいたい、普通が正しいということはないですからね。給料がもらえればそれでいい、と思っている人たちを雇って飲食業を営むこと自体、何もやっていないのと同じだと思います。

プロがいなくても回っていく経営

――そんな大変な現場でも、皆さん働き続けている。都電テーブルの経営に魅力があるということでしょうか？

鈴木　都電テーブルの店舗経営は本当に変わっていると思います。向原店の開業時は、飲食のプロではなく経験の少ない主婦たちがメインスタッフで、開店祝いに来てくれた多くのお客様への対応も、クラウドファンディングなどのたくさんのイベントの企画・主催もその主婦たちでやり切りました。まちの雇用を増やし、飲食という既成の考えにとらわれない営業のため、という目的でしたが、実行すると決めるのはなかなかできないことだと思います。

私にとって都電テーブルは、社会にとって必要なことをやっている、という感覚があります。あってもなくてもいいだろうというものであれば、辞めていたかもしれません。

馬場　都電テーブル、都電家守舎自体も、いい線行ってると思うんですよね。店舗数の増減はあるけれど、普通の店舗だったらやらなきゃまずいだろうと思われていることも、「いや、そんなことは俺たちはやらない」ときっちり意志を通してきたことで、アイデンティティは確立されてきたと思います。

実際大変ですよ、普通じゃないって。だいたいいつも、まちを良くすることを優先させるが故に、すこぶる立地が悪いところに開店するんですから。もうね、「人通りのないお店ランキング」があったら常に上位に入っていると思いますよ(笑)。それに、スタッフの大半は飲食のプロではない。向原店なんか大変な混乱の中で始まったから、実際あの頃のことをあまり覚えていないくらいですから（笑）。

――そんな風に現場が回っていくのは、青木さんが皆さんに全面的に任せているからでしょうか？

馬場　いや、青木さんは相当僕たちを信用していると思う。僕らはそれに応えるしかないんです。

安井　そう。僕もそうですが、青木さんは飲食とは別業界にいますよね。そのなかで、世界観や生き方を共有して、それをどう落とし込むかは馬場さんに一任している。その方法は徹底してずっと変わりません。

鈴木　純さんは都電テーブルのことを数年間忘れていたかな？というくらい私たちに任せていた気がします。コロナによる営業自粛で店に打撃があった時はまた関わりが強まりましたけどね。馬場さんが言うように、純さんは私たちを相当信用していると感じています。現場としては怖くもありますが、とはいえ任されている方がやりやすい面もあります。

馬場　青木さんにはきっと明確に見えているんだと思います。人が感動するポイントや、未来にどうなるかということが。そうとしか思えない。

梶谷　僕もそれをいつも感じています。ものすごくポジティブですよね。

安井　そう。ネガティブな話をすると、ポジティブにかぶせてくる（笑）。直近で言うと、コロナ禍で僕は正直、とてもネガティブになっていたんですね。商店会長をしている僕にはまわりのネガティブな声しか届いていなかったから。でも青木さんに「これ、ものすごいチャンスじゃない？」と言われました。彼はそう信じて疑っていなかった。そして、コロナ禍のリビンググループで、彼がポジティブである理由がわかりました。たとえば、直採取のはちみつを使った綿菓子を８００円で販売している出店者さんがいたんですね。それが、80

本売れたんです。「高くない?」という人が1人もいなかった。ちゃんと価値をわかってくれているお客さんが来てくれていたんです。

馬場　青木さんは、仕事をしている感覚ではないんじゃないかな。人生、前に進んでいるだけという感じがします。もちろん大変な時期をずっと見てきているからでもありますが、それらがしっかりと次に生きていく。あのエネルギー、生き様に僕は憧れます。

——次につながることを、選択できるのですね。

鈴木　純さんって、お母さんのようなところがあると思います。すべてに愛情をかけているんです。一見、採算度外視の選択をしているように見えても、最終的にはすべて良い形に結びつくような選択をしているんじゃないかな。

馬場　都電テーブルについても社会状況に合わせて変化を判断するタイミングがありますが、そういう時も青木さんはビビっていないんですよね。

鈴木　コロナ禍での営業自粛も、早いタイミングで「店、閉めるから」と判断していました。そこには迷いを見せなかった。

梶谷　実はあの時期、雑司が谷店は客入りが増えていたんですよね。みんな自分のまちから外に出なくなったことで、近所のお店に行く流れができて忙しくなっていました。しかも、うちの店はオープンエアなので、春先からが売り時なのです。すると青木さんに「それが危ない」と言われました。混雑してクラスターが発生するだろう、と。最初は「なんでやねん」と本気で思いましたね（笑）。そこから、冷凍ラーメンの開発を始めました。あの時のプレッシャーはすごかったですよ（笑）。

安井　でもあの時にしっかりと休んで、冷凍ラーメンの製造に本腰を入れることができたことで、都電テーブルの武器が増えたわけです。青木さんの頭の中では「自宅でつくれるラーメン」が「もうひとつの食卓をつくる」という都電テーブルの理念につながることを想定していたんでしょうね。

都電テーブルのこれから

――これから、どんな都電テーブルをつくっていきたいですか？

鈴木　私は草の根運動みたいな気持ちで都電テーブルに関わってきました。まちの暮らしが楽しくなりますように、と思いながら続けていれば、「それいいね」と思ってくれる人が増えるんじゃないかって。都電テーブルの世界観を共有してくれる人が増えながら、まちも変わっていくといいなと思います。

馬場　僕は以前、青木さんに「そもそも飲食店なんて必要ない」という話をしたことがあります。家で食べるのが最高なのだから、と。それって飲食店を経営していることと一見矛盾していますよね。青木さんのやりたいこと、僕たちのやりたいことには、一般的な方法では到達しないんですよね。だから試行錯誤しながら、「そうあるべきで、やれなかったこと」を発明していこうと思っています。

安井　自分は生まれ育ったまちをどうにかしたくて、自分と関わった人たちをすべて幸せにしたいという願いがあります。でもまだ新宿区を変えられていない。青木さんはそれを体現しているんです。彼は自分の世界観を提示して、人々を巻き込み、豊島区を変えているじゃないですか。

梶谷　ぶっちゃけて言うと僕は、まだどんぶりの中しか考えられていなかったと思う。これからお客さんの笑顔をつくるために、どんぶりの外に出なければ。

4章

公園、ストリートをひらく

南池袋公園、グリーン大通り

1

公園の未来を体感してもらう1日から すべてが始まった

まちそのものを公園にする

まちそのものが公園になるといい。

僕がそんなことを考えるようになったきっかけを思い返せば、賃貸住宅の大家を始めた頃に遡る。当時、ここに暮らす住人たちが自由に使える共有部分のつくり方について一生懸命考えていた。賃貸住宅が住人に閉じられた部屋の集合体であるだけでは、「集まって暮らす」価値は極めて少ない。もっと豊かな暮らしができるよう、共有部分に何をつくればいいだろう？住人のみんなは何が欲しいんだろう？みんなが欲しいパブリックスペースってどんなものだろう？

ここで僕が気づいたのは、問いのたて方を変えることだった。「みんな、何が欲しい？」と聞くと、住人たちは、「あれが欲しい」「これが欲しい」と欲しいモノを答える。住人たちの欲しいモノを不公平なく取り入れるのは難しく、またすべてを網羅して取り入れたからといって

左／ソラニワのイメージパース、右／ソラニワで楽しむ住人たち

魅力的な空間ができるとも思えなかった。

そこで、「みんな、何がしたい？」と聞くことにした。すると住人たちは、「あれがやりたい」「これがやりたい」とやりたいコトを答えてくれた。音楽の練習、畑、ヨガ、子供とのんびりする、餅つき、バーベキュー等々、みんなのやりたいコトが次々に出てきて、したい暮らしのイメージがたちのぼってくるようだった。それらを重ねて実現できる空間なら、つくれるかもしれないという予感がした。ハイハイをする赤ちゃんとヨガをしたい人の欲しい空間はとても近いし、バーベキューと餅つきも季節を変えてどちらもできそうだ。

そうしてつくられたのが、「ソラニワ」という屋上公園だった。住人たちはそれぞれ好きな時間に好きなことをしていて、居合わせたみんなで一緒に楽しむひとときもある。住人たちは自分の家だけでなくソラニワという場所にも暮らすことができるようになり、家の中だけで完結していた日常の暮らしが外へと滲み出していき、彼らの楽しみ方は重なりあい、つながりが広がっていった。

こうした日常が、賃貸住宅の中だけでなくてまちの中にもあるといい。もっと言えば、まちそのものが公園みたいになるといい。どうすればそんなまちができるのかはわからなかったけれど、いつかそうなるといいなと漠然と思っていた。その頃は、まさか自分自身が「まちそのものを公園にする」という仕事をするようになるとは、思ってもいなかった。

公園のオープニングイベントをつくる

池袋に「グリップセカンド」というレストランカンパニーがある。代表の金子信也さんは地域に根ざした店づくりを徹底し、世界観のある人気店を数多く立ち上げて池袋のイメージごと変えてしまうような人だ。僕が発起人として開催していた「としま会議」で出会ってきた豊島区に暮らす仲間たちと、彼の店でこれからの暮らしの妄想を語りながら美味しいものを食べるのが、池袋での僕の楽しみになっていた。

としま会議とは、２０１４年８月に始まったトークイベント。毎回、豊島区で面白い活動をしている人たちを５人呼び、自身の活動や背景を話してもらう。ゲストの分野は幅広く、家庭科教室の先生、タンゴバーのオーナー、福祉関連の起業家、地域のコミュニティデザイナー、良品計画（豊島区に本社があった、無印良品を手掛ける会社）の開発部長など、実にバラエティ豊か。豊島区在住の人なら誰でも参加でき、毎回参加者同士の交流を深めてもらっている。としま会議は、後にゲストや参加者がコラボして豊島区でさまざまな活動やプロジェクトを生みだす場となるが、もともとは賃貸住宅につくったコワーキングスペースの認知拡大・会員獲得のために、中島明くんや飯石藍さんらと企画した極めて個人的な活動であった。

2016年にリニューアルオープンする南池袋公園（12〜13頁参照）の敷地内に、信也さんらがカフェを出店するという話は聞いていた。公募プロポーザルに応募し、「グリップセカンドはオール豊島で公園をつくります」と宣言する鮮烈なプレゼンテーションで、地元の人気店が競合のチェーン店などを抑えて勝ち抜いたのだった。彼は、公園とカフェを一体として管理運営するための手法を模索していた。まさにPark-PFI（公募設置管理制度）事業の走りである。

2015年の年の瀬に突然、信也さんから電話がかかってきた。「4月に南池袋公園の開園式がある。この日を青木純と一緒につくりたいんだ」。聞けば、豊島区はこの開園式を来賓が参列して祝辞をいただく通常の式

グリップセカンドの金子信也さん（画像提供：グリップセカンド）

グリップセカンドが南池袋公園で運営する「RACINES FARM TO PARK」

典にしようとしているのだと言う。信也さんのイメージする開園式と区役所のそれとが大きく乖離しているもどかしさは、言葉尻からひしひしと伝わってくる。「公園の未来をつくる上で、ものすごく大事な日なはず。できてよかったねー、と内輪で褒めあう型通りの式典だけをして誰が喜ぶ？」。

その後すぐ、信也さんと一緒にグリップセカンドを切り盛りする女将の北奥京子さんとも会い、この公園らしいオープニングイベントについて議論を重ねた。信也さんの熱い言葉を聞きながら、僕はソラニワのことを思っていた。住んでいる人々はそれぞれに居心地のよさを求めていて、お互いにやりたいことがあって、それらを調整しながら彼らにとってかけがえのない場をつくっていく。それは都電テーブルにも共通する。お客さんはばらばらでありながら、お店の中ではお互いに心地よく過ごせる時間をともにする。「飲食店って屋根のある公園みたいだな」と僕はいつも思っていた。

南池袋公園のリニューアルにあたっては、公民連携、都市経営、都市構想などといった言葉が界隈でよく聞かれていた。その頃の僕は、正直なところ「都市構想」というものに自分が役立てる気がしていなかった。都市というスケールのものを構想する手法がイメージできずにいたからだ。一方で、現場で起こるさまざまなことを想定しながら夢を実現していくプロセスのイメージを持つことはできていた。だから南池袋公園のはじまりをつくる当事者として引き寄せられた時に「実践側として役に立つことはできる」と思った。ソラニワをつくる経験がなかったら、きっと何を手掛かりに進めればいいかわからなかっただろう。

「できたことを喜ぶ1日」ではなく、「未来が楽しみになる1日」にする

オープニングイベントまであと4カ月。それからは短期間でさまざまな具体的な計画を詰め

ていった。たとえばこういったことだ。

「公園のオープニングは公園らしい恰好がいい。革靴やヒールは禁止にしよう。もちろん来賓も」

「テープカットだけでなく、みんなで公園のオープンと同時に販売されるクラフトビール・リッチアイランドでお祝いしよう」

「この公園は治安の悪いことで有名だったので、子育て世代はきっといきなり来ないはず。だから、南池袋公園に来ることが楽しみになるような時間をつくろう」

この日は、南池袋公園が生まれ変わる日だ。ここに至る長い年月の間にいろいろな出来事や苦労があったはずだが、これからはその何倍も何十倍も長い未来が待っている。僕たちがつくりたいのは、「公園ができたことを喜ぶイベント」ではなく「公園のある未来が楽しみになる時間」だった。ならば、南池袋公園でのある未来の1日を切り取ってきたような日をつくればいい。それはどんな言葉よりも強いはずだ。

公園にはよく、禁止事項が箇条書きされた看板が立てられている。南池袋公園は、市民を禁止事項で縛るのではなく、理想の過ごし方を提案していくことで公園をもっともっと楽しんでもらえる場所にしたかった。それをオープニングイベントでそのまま示すことを考えた。

そんなわけで、としま会議でつながりのあるメンバーを総動員して、それを実際につくることにした。オープニングの日に南池袋公園に来てくれるよう声をかけ、家族や友人など一緒に来たい人を連れてきてもらって、「いつも公園でやっていること、やりたいと思うこと」を、思うがままにその人らしく、のびのびやってもらおう、と考えた。としま会議で2年間親しんできた仲間だから、僕たちの目指すことを理解し、たとえ演出とはいえ、公園で過ごす1日を心から楽しんでくれるだろうと思った。彼らへの信頼が、僕にその発想をもたらしたわけだ。

役所の前例にあるはずもない、この異例づくしの型破りなオープニングセレモニーが実現できたのは、当時の渡邉浩司副区長（338頁参照）が全面的にバックアップしてくれたことが大きい。彼はとしま会議に全回出席し、僕やとしま会議のメンバーを信頼し、公園の未来を託してくれたのだと思う。現場で起こるさまざまな問題、細かな調整は、僕がどうにかできる範囲を超えるものも多かった。困難をそのまま渡邉さんに伝え、「きっとこの公園の未来を変える1日になるはずです。実現する方法はないでしょうか。どうか、やらせてほしいです」と相談をした。彼はじっと耳を傾けた後、「わかりました。やりましょう」と丸ごと承諾してくれた。これが、たくさんの困難な交渉を突破する力になった。

「未来の理想の1日」が生みだされた

2016年4月2日、オープニングセレモニーの当日はどんよりとした曇り空だった。張られたばかりの芝生は「養生期間なので人を入れることはできない」と役所から伝えられていたけれど、この日は公園での未来の過ごし方を参加者に体感してもらうために、芝生に入ることはどうしても必要だった。だから1日だけ、それを許してもらった。

芝生の上でのびのびと走り回る子供のまわりで、マルシェを出店する人、ヨガをする人、ご飯を食べる人、おしゃべりする人。この日公園に来ていた人たちのことを、僕はだいたい知っていた。としま会議で知りあった人、都電テーブルで知りあった人、青豆ハウスの住人……。この公園はもともと近寄ってはいけないと言われていた場所だったから、リニューアルオープンしても地元の人ほどなかなか足を運ばない。だから知っている人に声をかけてきてもらった。彼らを信頼して、やりたいことをやってもらう。そうすれば、その日にふらっと訪れた人も、何となくその輪の中に溶け込んでいく。

当日は、まるであの場のワクワクが音に乗ったような気持ちのいいトランペットやウクレレの生の音色がBGMのように響いていた。こんな音なら「公園で音楽はやめてほしい」とならない。むしろ、ずっとずっとこの幸せな空気の中にいたいと思う。そんなみんなの感謝の気持ちは、演奏者への投げ銭に表れていた。

やめてほしいといえば、ボール遊びもその一つだ。公園の禁止事項に必ず書かれている。確かにボール遊びをすれば危険なことも起こるかもしれない。そこで僕たちは、公園一面に風船を置いた。ふわふわと風に揺れ、この公園の希望のように軽やかに浮いている優しい色の風船

リニューアルした南池袋公園のオープニングセレモニー

を子供たちに配ると、嬉しそうに持って小躍りしていた。風船があると、ボール遊びをしようとは思わなくなる。けれど、自由が奪われたという気持ちにはならない。ボールから意識をそっと遠ざける、風船は僕たちなりの禁止看板だったのだ。

お互いを思いやる信頼関係が醸成された場では、禁止項目の羅列は必要ない。その代わりに「こんなことがやりたいですね」「こんなことをやりませんか」という提案が引き出され、禁止看板は告知のチラシへと置き換わっていく。と、オープニングセレモニーの成功の兆しに胸を熱くしていた矢先に、芝生のまわりに杭が打たれ始めた。

公園を管理する人々は、公園で過ごしているみんなの1日がしっとりと終わっていくのを待ってくれなかった。芝生の利用を制限し、養生の状態へと戻そうとしたのだ。「純さん、完全撤収してくださいって言われました」と、セレモニーの運営を手伝ってくれていた宮田サラ（76頁参照）に耳元でささやかれた。僕は担当者に駆け寄り、「こんな話は聞いていないんですが…」と伝えると、「聞かれていなかったから、言いませんでした」とにべもない。きっと彼らの頭の中には、「芝生のためには早く撤収するのが正しい」という理屈があったのだと思う。「なんてことをするんだ」という震えを抑えながらなんとか冷静に説明をして、今いる人たちを追い出すことはやめてもらった。僕たちが芝生を使うことを大事に思う気持ちと、芝生の状態を管理することを大事にする人たちとの意識の溝がはっきりと顕在化した瞬間だった。

公園の芝生に入れない

オープニングセレモニーが終わった直後から、芝生が養生されるようになった。立ち入りできないようにぐるりとロープが張られ、この芝生を目当てに来た人たちに「今日も芝生には入れないいんです」と伝えることになった。こうしたことをオブラートに包んだまま公園をオープンしてしまったわけだ。

公園に行くといつも、植栽を手掛けた造園事業者のスタッフたちがこまめに世話をしていた。その中の1人のスタッフと歳が近かった宮田サラはよく話をするようになり、次第に仲良くなっていった。サラがそのスタッフに「芝生はどんな状況なの?」と聞くと、答えられる範囲のことは教えてくれるようになった。

サラは、公園を使いたい人たちからたくさんの要望を受け取っていた。たとえば、「ヨガがしたい」「音楽は演奏できるのか」「マルシェはできないか」など、オープニングセレモニーの様子を見て自分もやってみたいと思う人がいたのだろう。これは心から望んでいた反応で、本来だったらハイタッチで喜びたいことだった。でも僕たちには、公園利用について判断を下す権限は一切なかった。サラは、彼らの要望をなんとか叶えたいと公園の管理者に伝えると、「それはできません」と、取り付く島もなく返された。

僕たちは、公園を使いたい人たちに「使えません」としか伝えられないのが苦しかった。使え

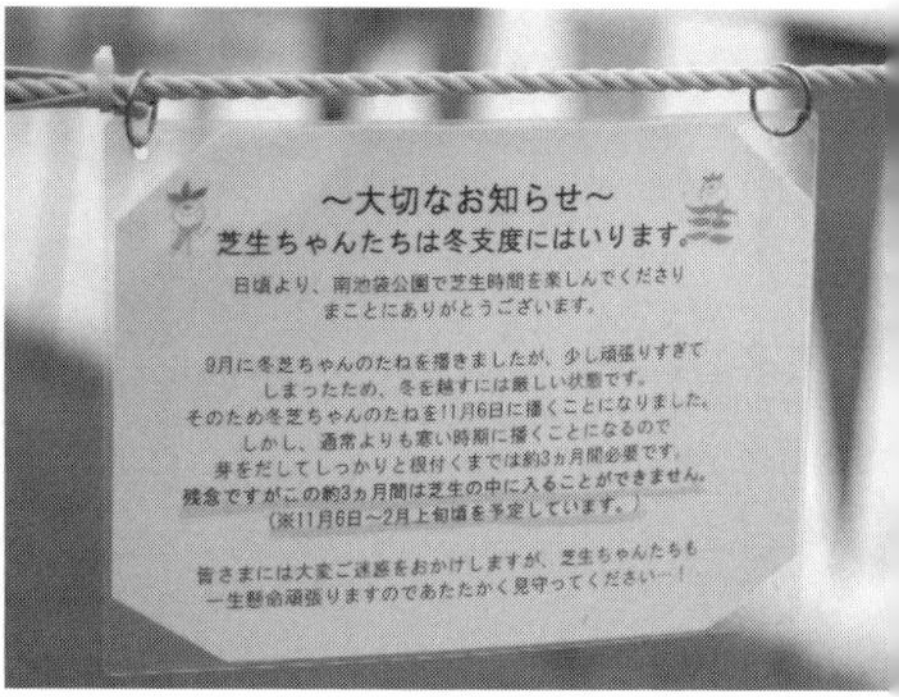

左／芝生の情報を日々発信し続けた掲示板、右／芝生の養生の囲いにも丁寧なお知らせ

ないにせよ、せめて理由や、芝生がどんな状況なのか、そして見通しはどうなのかを、利用者と共有できたらいいのにと思った。

そこで、そのことを正直に造園事業者に相談することにした。「書ける範囲でいいので、ブラックボードに芝生の状態を伝える言葉を書いてもらうことはできますか?」と。「伝えてくれれば、自分たちが書いてもいい。芝生からのメッセージを一緒に伝えませんか?」と。

そうして一緒に掲示板をつくることになった。芝生を楽しみに公園に来てくれた人たちに伝えたいのは、「今は芝生が使えない」ことだけでなく、芝生が成長するプロセス、夏芝から冬芝への入れ替えがあること、どうしたら芝生が傷まずにみんなで楽しめるか、などだ。初めは拙い言葉だったが、次第に、掲示板に書かれる言葉が変化していった。「暑さのせいで夏芝くんに元気がありません。中に入れませんが、夏芝くんが元気になるまで温かく見守ってください」と記してあると、それを読んだ子供もたちは「夏芝くん大丈夫かなあ、早く元気になるといいね」といたわりの眼差しを向ける。養生期間で使えない時も、「もう少しだね、楽しみだね」と芝生と自分たちの状況を一緒に楽しみにするようになる。芝生は単なる地面ではなく、公園を利用するみんなが愛情を注いで見守る愛しい存在へと変化していったのだ。すると自然に「使えないの？せっかく来たのに」というクレームはなくなり、芝生を傷めるような使い方をする人も激減する。生きものである芝生を南池袋公園の真ん中に置いて、まちに新しい感性が宿ることになった。

2 「賑わい」創出とは何なのか？

役所と民間をつなぐ回路がない

南池袋公園の認知度は日を追うごとに上がっていったが、僕たちは悶々としていた。芝生への愛着を育てていったプロセスのように公園管理者と市民の意思疎通が叶うこともある。ただ、市民からの提案を管理者に受け入れてもらうという回路が存在しない。あったとしてもごくごく細いものであるのは苦しかった。こういうことを公園でやったら日常が変わるに違いないと確信することがあっても、またそれを市民から主体的に提案されるという絶好のチャンスがあっても、僕たちはそれを決定して推進する権限を持っていなかった。僕たちを頼って連絡してくれる人たちがいるのに、実は単なる「オープニングイベントの企画者」でしかないという現実が重くのしかかった。区役所に市民の要望を伝えても、権限も責任も持たないイベント企画者の提案を取りあってはくれない。自分たちの無力さが、心底歯がゆかった。

どうにかしてこの壁を打破したい。そんな思いで連絡をしたのは、岩手県紫波町で「オガールプロジェクト」を立ち上げた岡崎正信さんだった。彼が東京出張のタイミングに、豊島区役所の宿本尚吾副区長（当時）と引きあわせることにした。全国に先駆けて公民連携のまちづくりを進め、紫波町をバレーボールの聖地へと押し上げた張本人の言葉を、どうしても直接副区長に届ける必要があると考えたのだ。岡崎さんは熱意をもって、「公だけでも民だけでも、できることは限られる。行政は責任ある民間とタッグを組むことで、できることが増えていくんじゃないか」と、自身の方法論と信念について話をしてくれた。彼の話を通じて僕が伝えたかったのは、民間とタッグを組むという手法だけではない。大事なのは、組む相手が「責任のある民間」であること。そしてその大変さが何たるかもわかった上で、僕たちは責任のある民間になりたいと考えていることだ。副区長はじっと耳を傾けながら、時に大きくうなずき、彼の中にも熱がたぎるような眼をしていた。この話の本質と、僕たちの熱意が伝わったように感じた。

公民連携でまちに関わる法人nestを設立

その後2017年4月に豊島区が事業の公募を出すという話を聞いた。調べてみると「グリーン大通り等における賑わい創出事業」の事業者選定とある。どこにも南池袋公園と謳っていないが、要項をよく見ると〝グリーン大通り等〟の〝等〟には南池袋公園が対象箇所として含まれているじゃないか。僕たちはこれまで公園については真剣に考えてきたが、まさかグリーン大通りとセットになった事業の公募が出るとは思わなかった。

いずれにせよ、これには応募しなければならないと思った。飯石藍、宮田サラ、そして僕。これまで一緒にがんばってきたこの3人に加え、頭に浮かんだのは、Open Aの馬場正尊さん（351頁参照）だった。なぜ馬場さんか。リノベーションスクールの講師としてともに全国各地に出向いてきた。南池袋公園のオープニングセレモニーの座談会にも出てくれた。公共R不動産を運営していて公共空間に関する見識が高い。そう羅列するだけでは収まらない、何か強い直感のようなものが働いた。このプロジェクトは馬場さんとともに進めたい。その一択だった。

nest
Inc.
Street & Park Management Company

上／設立当初のnest取締役。左から宮田サラ、馬場正尊、青木純、飯石藍
下／ストリートでnest（鳥の巣）が編み込まれたコーポレートロゴ

言うほど親しいわけではなかった馬場さんに滅多にかけない電話をかけ、ちょっと驚いている彼にプロジェクトの概要を説明した後、「このプロポーザル、一緒にやらない？」と持ち掛けた。唐突に口説かれて頭に「？」が並んでいそうな声で彼は、「なんで俺なの？」と聞き返してきたが、「でも青木さんがそう言うなら、俺なんだね。わかった」と言ってくれた。その後すぐ、監査はアフタヌーンソサエティの清水義次さんと法政大学の保井美樹さんにお願いした。

情熱だけは誰よりもあった僕たちだが、今思えば経験不足でいろいろ拙かったと思う。そもそも募集要項の読み方さえよくわからず、振り返ると冷や汗をかくようなこともあった。「ヒアリング」をすると書いてあるので、てっきり選考委員からいろいろと質問をされるのだと思って何の準備もせずに赴いたら、なんとそれは自分たちの案をプレゼンする場だったのだ。聞かれたことには答えるよ、といった気楽な気持ちは吹き飛んだ。用意している資料もほぼないに等しい。これはもう、大失態だ。

ところが偶然にも、神が降りてきたのだ。持っていたパソコンの中から資料を探し、今までずっと考えてきた公民連携による都市の魅力を高める、新しい公共の育て方について、まさにライブで語りきることができた。選考委員には隠しきれない動揺がきっといろいろ伝わっていたに違いない。でも、今まで積み上げてきた考えだけは何があっても消えることはない。それがシンプルに伝わってくれることを祈った。

そして、「グリーン大通り等における賑わい創出事業」の事業者として選ばれたことで、僕たちは公民連携でまちに持続的に関わるための法人「株式会社nest」を２０１７年４月に設立した。公的な団体になれば、できることが増える。ようやく責任ある立場を得られたことが本当に嬉しかった。

出店者集めに奔走したネストマルシェ

事業者選定の際、僕たちは区の提示した想定予算よりも「安くできるはず」と低い見積りを提示した。実際、経費がわからなかった時点での試算はお人好しすぎたのと、どうしても選ばれたいという気持ちがそうさせたところもある。そんなわけで、事業1年目は提示金額までしっかり予算が削られることになったが、金額云々ではなく、僕たちは愛着ある南池袋公園に関わり続けられることに対して大いに意欲を燃やしていた。

ところがいざ走りだしてみたら、想像の斜め上をいく大変さだった。覚悟もしていたつもりだったが、甘かった。理想に現実を引き寄せていく現場は、やってみることでしかわからないことばかりなのだ。「こんなはずじゃなかった」と思わずつぶやいてしまう自分がいた。

２０１７年5月に僕たちは初めて「nest marche（ネストマルシェ）」を開催した。南池袋公

2017年5月に初めて開催されたネストマルシェ

園でマルシェがしたいという市民の声を聴きながら何度もお断りをしていた身としては、「お待たせしたけれど、いよいよマルシェができるようになったよ！」「みんな、お店が出せるよ！」「待ってるよ!!」とテンション高く出店者募集をかけたのだが、なぜか全然集まらない。待っていても来ないので、以前出店したいと言っていた人たちに声をかけてみるものの、反応は芳しくない。

心のどこかでうっすらと心配はしていたのだが、オープニングセレモニーから1年以上経ち、人々があの熱狂からどんどん離れてしまっていたのを再認識することになった。芝生にまつわるネガティブプロモーションもボディブローのようにじわじわ効いているようで、公園に対する周囲の期待値も下がっているように感じた。そんな状況でようやく集めた18店舗の中に、グリーン大通りへの出店希望はゼロ。公園以上に期待値が下がっていることを実感する反応だった。

これでは「グリーン大通り等の賑わい創出」というミッ

左／ヨガを開催するも灼熱で人もまばら、右／苦情対策で練り歩く音楽演奏

ションが達成できない。南池袋公園と一体となって血が通い温まった状態のグリーン大通りを見たことのない人たちに、ここに店を出したいと思ってもらうのは無理な相談なのかもしれない。翌月以降は身近な人にお願いをして、出店をしてもらうことにした。こうした数合わせはとてもしんどい。

1回目のネストマルシェ当日は、5月なのに30度を超える真夏日となった。出店してくれた人たちは日陰のない公園で店番を続け、体力的に厳しかったと思う。そんな日は必然的に外でマルシェを楽しむ人も減っていくため、売上げも伸びない。せっかく出店してがんばってくれているのに、と僕は申し訳なさで身の置き所がなかった。5月の日中ってこんなに暑くなるとあらかじめわかっていたら、できた準備もあったのに。したたる汗を拭いながら自分の経験不足を思い知った。

ネストマルシェでは、現場運営を手伝うボランティアのことをディズニーランドのように「キャスト」と呼び、来場者の時間を最高のものにする役割を担う彼らをとても大事な仲間と考えていた。けれどそれを「ボランティアで働かせるなんて、労働力の搾取だろう」と揶揄する人もいたようだ。自分たちの儲けを度外視して1人でも多くの笑顔が見たくて必死にみんなで場づくりをしていても、外からはそんなことはわからないものだ。

そういう大変な状況のなかでも、変わらずのびやかな公園の芝生とそこに集う人たちの姿は救いで、ヨガを楽しんでいる人たちは本当に気持ちよさそうだった。しかし、「みんなの公園なのに占拠する人たちがいるなんて違反じゃないの」「子供たちが集まる場所に大人が集まって、子供が排斥されている」と言っている人たちがいたことを後で知った。

僕たちは出店者にもお客さんにもキャストにも気を遣いながら全力疾走していた。一体この事業は誰のためになっているんだろう?何のためにやっているんだろう?と思わず天を仰いでしまうことも少なくなかった。

公園でウェディングをやりたい

そんなしんどさに喘いでいた頃、登壇したトークイベントの聴講者から「公園でウェディン

ウェディングセレモニーでは、偶然公園に居合わせた人々が見守った

グセレモニーがしたい」という相談が持ちかけられた。人生で最も大きなイベントの舞台として南池袋公園を選んでくれたことが嬉しかった。そもそも事業プロポーザルの応募資料で「ウェディング事業がしたい」と触れていたこともあり、さっそく区の都市計画課の担当者に相談したところ、部署を横断して管轄する公園緑地課と協議をしてくれたが、「前例がなく難しい。やれないだろう」との返信があった。まったくの予想通りだ。新しいことをしようとすると、本当に面白いくらいダメを食らうが、僕たちはめげなかった。やれないのではなく、やらなかっただけなのだろう、と。金子さんの夫人の元子さんにウェディングプランナーとして参画してもらい、仲間のつながりを総動員して企画にあたった。

なんとか開催にこぎつけたウェディングセレモニー当日の様子は忘れられない。9月吉日、特別な設えのないまちの中で、セレモニーは始まった。グリーン大通りを花嫁さんが歩けば、通りすがりの通行人たちが思わず拍手を送る。公園に即席でバージンロードをつくり、利用者たちがそっと見守るなか、ウェディングセレモニーは温かい雰囲気の中で行われた。利用者たちは、公園が占拠されるという不自由さではなく、たまたまその場に居合わせた喜びを感じているようだった。そして、新郎新婦の関係者でなく企画者として参加していた僕が、なぜか最後の挨拶をすることになった。新郎新婦の人生に、自分たちもいつの間にかコミットしていたことを改めて感じた。「ここで一緒にウェディングセレモニーをつくれたのが最高の思い出です」と言ってもらえた時、ああ、僕はこういうまちをつくりたかったんだな、と腹落ちした。日常の中に、劇場が生まれ、人々がその劇場の中に巻き込まれていく。誰にとってもかけがえのない記憶が刻まれていく。そんな可能性をはらんだまちは、暮らす喜びをもたらすのだと。

雨模様の屋外映画上映会

屋外イベントは大風、大雨など、気象との闘いが避けて通れない。2017年10月のマルシェでは念願の屋外映画上映会「nest cinema（ネストシネマ）」を仕込んでいた。南池袋公園

雨の中開催されたネストシネマ、子供たちは最後まで映画を鑑賞

を映画館にしてしまうというものだ。実績豊富な「ねぶくろシネマ」のチームと組んで綿密に計画を立て、屋外広告物条例に抵触してしまうという問題を回避するために何度も役所に相談に行き、万難を排して実現させようと奮闘していた。暮れなずむ公園にワクワクする気持ちを携えた人たちが集まってきて、暗闇になると同時に映画上映が始まる。家族やカップルが身を寄せあって星空と映画を見上げる。子供たちにとっても外で過ごせる特別な夜になる。そんなことが実現できるのならどんな苦労も乗り越えられる。

ところが当日、一番心配していた事態が起こった。雨だ。いっそ土砂降り続きだというならあきらめもついたが、夕方には徐々に止むという天気予報を見てしまうと判断が揺れる。「雨は止む予報のため、ネストシネマは予定通り開催します!」とSNSで宣伝をし、雨のなか粛々と準備を進めることにした。もちろん、そんな天候だから公園を訪れる人はほとんどいない。仮に開催しても観客はゼロかもしれない。濡れた芝生は冷たく光り、止むはずの雨は一向に止もうとしなかった。こんなこともあるさ、天気ばかりはコントロールできないんだからと平然を装っていたが、笑って吹き飛ばすことのできない切なさが心の奥の方でうずいていた。

上映前になると、スクリーンの真ん前にレインコートを着た親子が膝を抱えて座っていた。妻の千春と、息子の大雅だ。2人は普段通りの呑気な顔をして、映画が始まるのを待っていた。そのうち、ぽつぽつ、とスクリーン前に観客が集まり始めた。こんな天気なのに、家族で見に来てくれる人たちがいたのだ。雨にはしゃぐ子供たちの姿が沁みるように嬉しかった。星空と映画と大勢の観客、という想像とはまったく違う光景だったが、そんなことはどうでもいいという気持ちになっていった。自分が報われるために映画を上映しているわけではない。集客の多さで成否が決まるわけではない。その時そこにいる人たちが居心地よく過ごせることが、掛け値なしの価値なのだ。

体にも心にも降り続ける雨。ネストシネマが終わろうとしていた時、一筋の光が差し込んだ。雨天で賑わいがつくれなかったことで関係者に頭を下げなくてはならない、とうなだれていた背中越しに声をかけてくれたのは、僕たちがいつも無理な相談を持ち掛けることで議論を重ねてきた区の職員の方だった。瞬間的に緊張すると、思わぬ笑顔で「次、晴れた日にやりましょうよ」と声をかけられた。ああ、区役所も僕たちも、実は同じところに立っているじゃないか。がんばり続けてよかったな、と僕は心から思った。

「賑わい」創出とは何か？

僕たちが受託したのは「賑わい創出事業」だ。でも一体「賑わい」って何だろう?・賑わいとは、何を目指し、誰をどんな状態にすることなのか。

ここで改めて、豊島区の掲げていた「国際アートカルチャー都市」というスローガンを考えてみる。東京芸術劇場やハレザ池袋など、世界に誇る劇場都市として池袋が生まれ変わるなか、その価値は「劇場の中」にとどまっているのではないか。

僕たちは、その劇場の外、つまりまちの中が劇場になることを目指す役割があるのではないか。劇場に足を運ぶ人だけでなく、まちに暮らす人、まちを行き交う人すべてが日常の中にいながら「まるで劇場にいるかのような」楽しみを生みだし、受け取れること。グリーン大通りや南池袋公園といった暮らしのベーシックな空間でそれが実現できれば、きっと暮らし心地が変わっていくはずだ。「日常が、劇場になる」はずだ。

日常は続く。続けることで、まちが変わっていく。続けることで起きた変化は多少のことでは失われない強さを持つ。まちの文化もそうだし、人々の心もそうだ。

3 「まちをリビングにする」という新しい価値の発明

点から面へ、まちをループするイベント

２０１７年5月から始めたネストマルシェは、何があろうとも毎月必ず2日間、土日連続開催を続けていた。〃毎月開催〃はまちの日常をつくる最低限の頻度だと思ったからだ。

ただ、それを運営する側の日常はやってみなければわからなかった。それは、苦労と喜びを一生分味わったというほどの濃い日々だった。「僕たちは何をやっているんだ?」と思わず自問自答をするほどヘトヘトになる時も少なくなかった。何よりしんどかったのは、出店者が思うように集まらなかった立ち上げ段階だ。前述のように、自分たちの人脈をフル稼働させて出店者をかき集めても、5月は土曜日8店舗、日曜日10店舗、6月の土曜日は18店舗集まったが日曜日は9店舗と、痺れるような低調っぷりだった。〃賑わい創出〃事業として3年間続けるのはとてつもない道のりに思えた。

また、ネストマルシェで見えたまちの変化の兆しには、僕たちの気持ちがちょっと遠のけばたちまち立ち消えてしまう儚さもあった。nestという小さな運営母体は、機動力や瞬発力で企画を実現させる最初の一歩としては動きやすいサイズだったが、まち全体の日常に変化をもたらすにはもっと大きなエンジンが必要だった。加えて、限定的なエリアでできることを積み上げることによるノウハウと、まち全体にコミットする時に必要なノウハウは違うだろうという予測もあった。

それでもマルシェの運営を続けたのは、僕たちにはさらなる目標があったからだ。

僕が今までご縁のあった良品計画の金井政明会長に直接お話をしに本社を訪ねたのは、nestが豊島区から受託を受ける前のことだ。良品計画に参加してもらいたかったのには理由がある。一つは、池袋に本社がある地元企業であるということ（その後本社は文京区後楽に移転）。地元住民のみならず、地元の企業もきちんと巻き込んでいく形をつくることで、まちの潜在的なポテンシャルはさらに引き出されるのではないかと考えた。もう一つは、これまで暮らしに関わる事業を全国規模で先駆的に行ってきた良品計画と、地域の当事者としてまちの未来を自分たちの手でつくろうと奮闘してきた小さな小さな企業体であるnestが、ともに手を組むということで強みを活かしあえるのではないか、という目論見だ。

僕たちのコンセプトに金井会長は興味をもってくださった。そして、毎月マルシェを続けるなら、どこかで〝山〟をつくった方がいいんじゃないかという話になった。ネストマルシェが日常を彩る小劇場だとしたら、店舗数や出店エリアも拡大してまち全体が大劇場となる瞬間もあった方がいい。地道なネストマルシェの継続は、その瞬間を日常化するための試みであり、それを人々に体感してもらうためのものだ。このアイデアに僕たちは心を躍らせた。

また、池袋の特徴は、新宿や渋谷と違って駅のすぐ近くに住宅地が広がっていることだと金井会長にお伝えすると、金井会長は実はこのエリアは興味深い小路や個人店などがあり、歩くことが楽しければ必然的に健康的に暮らせるまちであると、ご自身の体験をもとに語ってくれた。「青木さんは、池袋のまちにはどんなイメージを持ってる？」と金井さんから聞かれた時、僕が咄嗟に「カオス、ですね」と答えた。多様な文化が同居した池袋は、猥雑な面白さはあっても暮らし心地のよさをイメージする場所ではない、というのが僕の素直な実感だ。南池袋公園やネストマルシェの質感は、池袋にとって実は異質なものだとも思う。それでもこのまちは、その異質さをそのまま受け入れてくれていた。そう、カオスこそが池袋の包容力なのかもしれない。ここなら新しいまちの価値を掲げても許容されるのではないか。

「まちを歩いて循環するのが楽しい暮らしをつくっていこう」「リビングのようなまちをループ状に広げていこう」という、池袋の新たな価値づくりを名前に託して、ネストマルシェ拡大版を「IKEBUKURO LIVING LOOP」（池袋リビングループ）と呼ぶことにした（14～16頁参照）。そして、まずは比較的穏やかな気候の日が多い11月に開催しようという話になった。

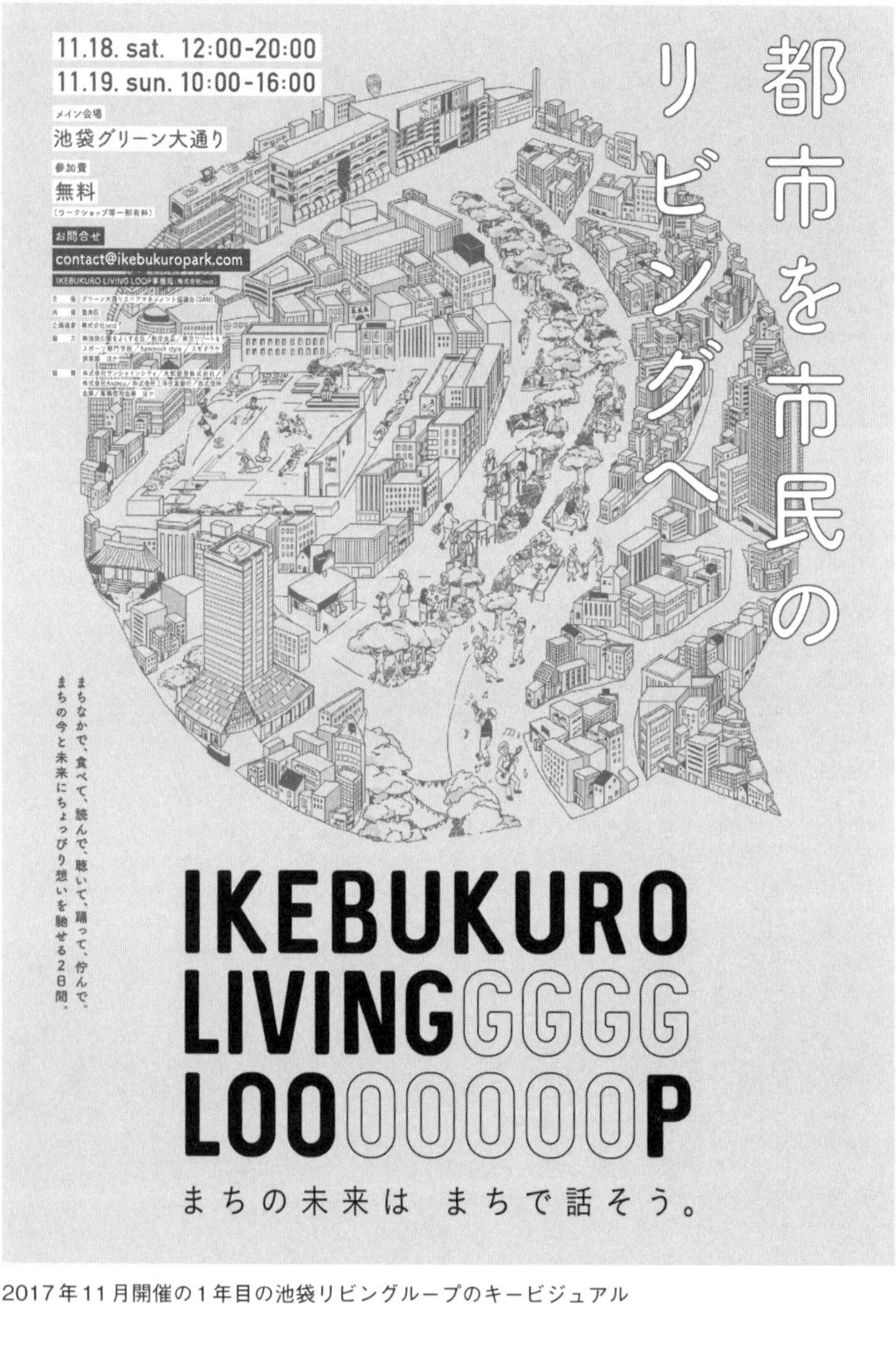

2017年11月開催の1年目の池袋リビングループのキービジュアル

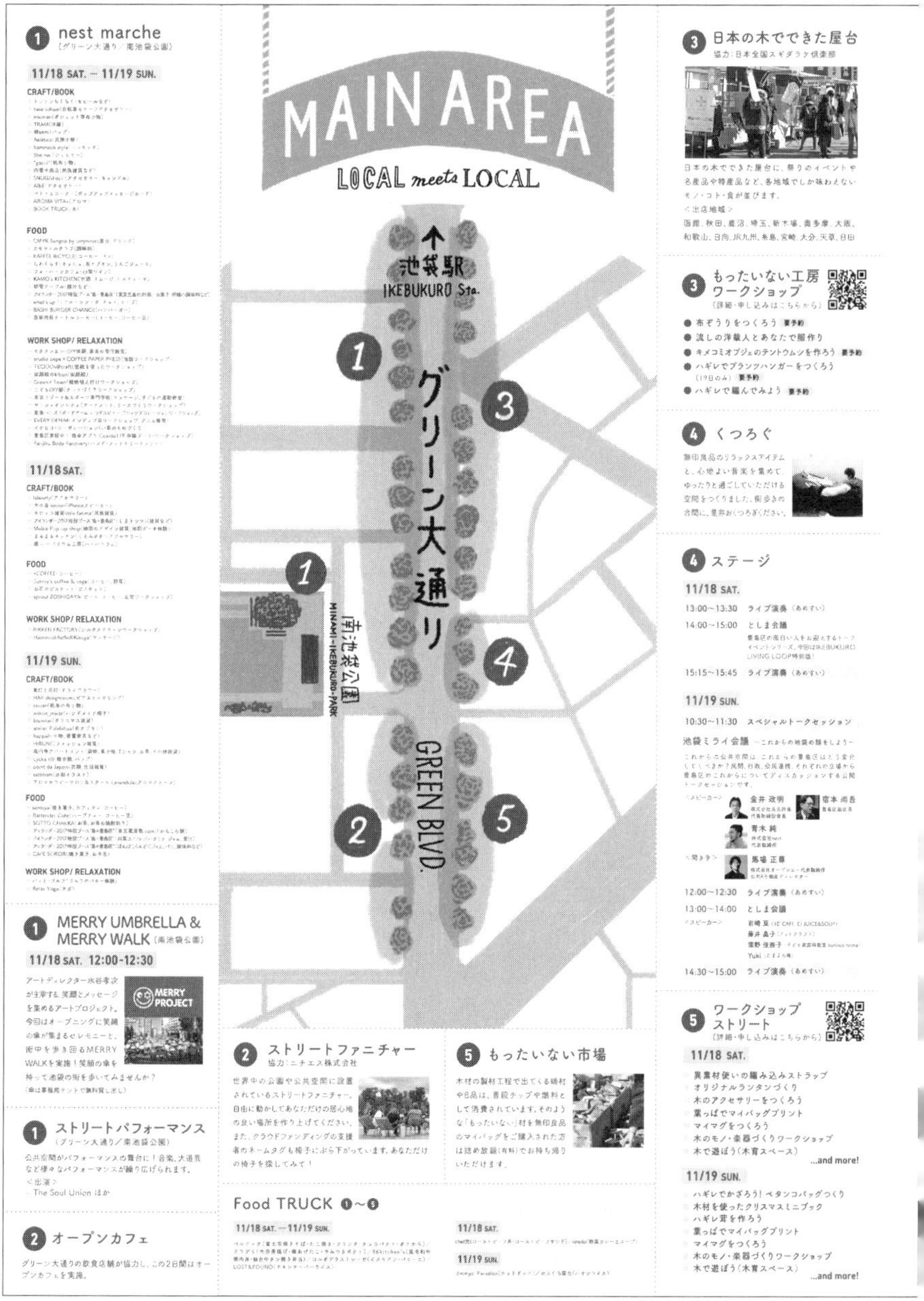

MAIN AREA
LOCAL meets LOCAL
1 nest marche
(グリーン大通り／南池袋公園)
11/18 SAT. – 11/19 SUN.
CRAFT/BOOK
FOOD
WORK SHOP/ RELAXATION
11/18 SAT.
CRAFT/BOOK
FOOD
WORK SHOP/ RELAXATION
11/19 SUN.
CRAFT/BOOK
FOOD
WORK SHOP/ RELAXATION
1 MERRY UMBRELLA & MERRY WALK (南池袋公園)
11/18 SAT. 12:00-12:30
アートディレクター水谷孝次が主宰する、笑顔とメッセージを集めるアートプロジェクト。今回はオープニングに笑顔の傘が集まるセレモニーと、街中を歩き回るMERRY WALKを実施！笑顔の傘を持って池袋の街を歩いてみませんか？
(傘は事務局テントで無料貸し出し)
MERRY PROJECT
1 ストリートパフォーマンス
(グリーン大通り／南池袋公園)
公共空間がパフォーマンスの舞台に！音楽、大道芸など様々なパフォーマンスが繰り広げられます。
＜出演＞
The Soul Union ほか
2 オープンカフェ
グリーン大通りの飲食店舗が協力し、この2日間はオープンカフェを実施。
↑池袋駅 IKEBUKURO Sta.
グリーン大通り
GREEN BLVD.
南池袋公園 MINAMI-IKEBUKURO-PARK
2 ストリートファニチャー
協力：ニチエス株式会社
世界中の公園や公共空間に設置されているストリートファニチャー。自由に動かしてあなただけの居心地の良い場所を作り上げてください。また、クラウドファンディングの支援者のネームタグも椅子にぶら下がっています。あなただけの椅子を探してみて！
5 もったいない市場
木材の製材工程で出てくる端材や日品は、普段チップや燃料として消費されています。そのような「もったいない」材を無印良品のマイバッグをご購入された方は詰め放題(有料)でお持ち帰りいただけます。
Food TRUCK 1〜5
11/18 SAT. – 11/19 SUN.
11/18 SAT.
11/19 SUN.
3 日本の木でできた屋台
協力：日本全国スギダラケ倶楽部
日本の木でできた屋台に、祭りのイベントや名産品や特産品など、各地域でしか味わえないモノ・コト・食が並びます。
＜出店地域＞
函館、秋田、鹿沼、埼玉、新木場、奥多摩、大阪、和歌山、日向、JR九州、糸島、宮崎、大分、天草、日田
3 もったいない工房 ワークショップ
(詳細・申し込みはこちらから)
● 布ぞうりをつくろう 要予約
● 流しの洋裁人とあなたで服作り
● キメコミオブジェのテントウムシを作ろう 要予約
● ハギレでプランツハンガーをつくろう (19日のみ) 要予約
● ハギレで編んでみよう 要予約
4 くつろぐ
無印良品のリラックスアイテムと、心地よい音楽を集めて、ゆったりと過ごしていただける空間をつくりました。街歩きの合間に、是非おくつろぎください。
4 ステージ
11/18 SAT.
13:00~13:30 ライブ演奏 (あめすい)
14:00~15:00 としま会議
豊島区の面白い人をお迎えするトークイベントシリーズ。今回はIKEBUKURO LIVING LOOP特別版！
15:15~15:45 ライブ演奏 (あめすい)
11/19 SUN.
10:30~11:30 スペシャルトークセッション
池袋ミライ会議 ～これからの池袋の話をしよう～
これからの公共空間は、これからの豊島区はどう変化していくべきか？民間、行政、公民連携、それぞれの立場から豊島区のこれからについてディスカッションする公開トークセッションです。
＜スピーカー＞ 金井 政明 株式会社良品計画 代表取締役会長
宿本 尚吾 豊島区副区長
青木 純 株式会社nest 代表取締役
＜聞き手＞ 馬場 正尊 株式会社オープン・エー代表取締役 公共R不動産ディレクター
12:00~12:30 ライブ演奏 (あめすい)
13:00~14:00 としま会議
＜スピーカー＞ 岩崎 亘 (10° CAFE, 01 JUICE&SOUP)
藤井 晶子 (フットクラフト)
雲野 佳奈子 (子ども家庭料理教室 kuriko home)
Yuki (たまよろ庵)
14:30~15:00 ライブ演奏 (あめすい)
5 ワークショップストリート
(詳細・申し込みはこちらから)
11/18 SAT.
異素材使いの編み込みストラップ
オリジナルランタンづくり
木のアクセサリーをつくろう
葉っぱでマイバッグプリント
マイマグをつくろう
木のモノ・楽器づくりワークショップ
木で遊ぼう(木育スペース)
...and more!
11/19 SUN.
ハギレでかざろう！ペタンコバッグづくり
木材を使ったクリスマスミニブック
ハギレ背を作ろう
葉っぱでマイバッグプリント
マイマグをつくろう
木のモノ・楽器づくりワークショップ
木で遊ぼう(木育スペース)
...and more!

1年目のリビングループのメインエリアのMAP

INTRODUCTION

都市を市民のリビングへ

新しい池袋の顔「南池袋公園」に続く、池袋東口グリーン大通りと「手創り市」が話題の雑司が谷を結ぶ“奥池袋”エリア。秋薫る週末の2日間にこのエリア一帯が『市民のリビング』に変身！メインステージのグリーン大通りには、木の屋台やベンチ、ハンモックが賑やかに並び、おいしいご飯とマルシェに家族で楽しめるコンテンツが盛りだくさん！界隈の沿道を彩る魅力的なお店もリビングをテーマにつながります。「Local meets Local!」池袋の再発見。まちなかで、食べて、遊んで、佇んで。まちの今と未来にちょっぴり想いを馳せてみませんか。

MESSAGE

公共空間・公共施設の質がまちの資産価値に直結する。

IKEBUKURO LIVING LOOPとは、世界第二位の乗降客数を誇り、国家戦略特区のある池袋だからできる、公共空間の積極的な活用を通じた「日本の都市の可能性を広げる」気づきとなる2日間のプログラムです。

23区で唯一消滅可能性都市と指摘され、23区で一番高い空室率になってしまった豊島区。現在推進中の「豊島区リノベーションまちづくり構想」の中でも、ファミリー世帯が住み続けたい街、住み続けられる街になるために、「責任ある民間・住民主体で公共空間・公共施設を活用する」ことが求められています。

一年で一番の賑わいを創出するのにふわさしい、11月の第３週の週末に、手創り市の開催される鬼子母神や、国内外から注目を集める南池袋公園を訪れるたくさんのまちの人に「未来の池袋」に期待を抱いてもらえるよう、地元企業やまちのクリエイター、様々な店舗と「オールとしま」で2日限りのリビングルームを創りました。グリーン大通りと鬼子母神を結ぶ大きなループが、「市民のリビング」のように感じられ、池袋の街が「商い中心の街」から「暮らす街」に進化をとげるための一歩めを共に踏み出しましょう。

上／MAPなどに掲載された案内文、下／１年目のリビングループ

4 立ちはだかる壁に穴を開けるプロセス

前例主義を逆手にとる

年1回開催のリビングループという企画はその後、まちの運命を分けることになる。特にリビングループを初めて開催した2017年は、どっちを向いても壁がそびえ、視界が開けていないという状況に何度も陥った。そのたびに丁寧に壁に穴を開け、通行可能になるよう道をつくる工事ばかりしていた気がする。バーンと壁を蹴り倒してゲリラ的に通ろうとすると、その時は通れても周囲を傷めてしまうし、あきらめてUターンしていたらどこにも到達できない。

壁に穴を開けてきたプロセスには、何のミラクルもない。今では「あの時あきらめないでよかった」と言えるが、渦中はそんな余裕などない。「こんなこともやらせてもらえないなんて！」とマイナスの感情になぶられることも少なくなかった。この年のリビングループに来てくれた人たち、出店者たち、キャストたちには、分厚い壁に穴を開けようと必死になっていた僕の足掻きが見えてしまっていたに違いない。いつもより暮らしを楽しめる時間をつくりたいと道行く人々の笑顔を望みつつ、全方位的に必死だった自分自身はまったく笑えていなかった。たまに嬉しいことがあると、一瞬、心から笑えて涙も出てしまうほどだった。

振り返れば、リビンググループは「前例づくり」にほかならない。役所の「前例主義」は、「そうそう新しいことはできっこないよ」という意味で使われるが、その前例を一度つくればまさに前例主義で物事は動いていく。さらに前に進めば、また前例のない課題にぶち当たる。僕たちは、前例をつくりながらまちの可能性を押し広げてきた。

そこで、僕たちのやってきた「丁寧な壁穴の開け方」をこれから紹介していきたい。おそらくこの瞬間も、壁に囲まれて立ち尽くしている人たちがいると思う。そんな志のある人たちの役に立つかもしれない。

キッチンカーが置けるようになるまで

普通に期待されているけれど、そうそう普通にはできないことがある。たとえば、「マルシェではいろいろな種類のできたての食べ物や飲み物が買えるのは当たり前」だと思われているんじゃないだろうか。

しかし、その風景を実現するためには、実はさまざまな壁を乗り越える必要がある。まず、屋台というのは多くの制約がかけられていることを知っているだろうか。屋台で提供していいものは保健所が許可するごく限られた品目のみで、それ以外のものは提供できない。現場での調理行為は基本NGで、製造許可がおりている場所でつくったものを温めることだけが許されている。お祭りの屋台で買えるものがどれも似たり寄ったりになる理由はここにある。もし自由にできたての料理を提供したいと思ったら、屋台ではなくてキッチンカーで調理する必要があるというわけだ。

ところがグリーン大通りにはキッチンカーはおろか、救急車さえ停止できないというルールがあった。というのも、ここでは数年前に痛ましい交通事故があり、歩道に車が入ることはあってはならないという暗黙の了解事項があったのだ。この理由を知った時には正直、キッチンカーの許可はあきらめるほかないという考えが一瞬よぎった。

一方、「まちをリビングのような居心地にする」という理念はリビンググループの根幹だから、やすやすと譲れるものではない。そして、どのようにシミュレーションしても、「くつろぐためには飲んだり食べたりする仕掛けが必須」という発想に行き着いてしまう。僕たちはマルシェがしたいのではなく、まちをリビングにしたいのだから。

警察には何度も相談した。でも、僕たちの事情によって警察の判断が変わるものではない。「キッチンカーは難しいでしょうね」と何度言われたことか。そこで区の都市計画課の担当にも相談した。ネストマルシェで奮闘する僕たちを見てくれていた彼らは、行政が一緒に訴えれば警察も取りあってくれるかもしれない、と同行してくれることになった。こういう時、味方になってくれる存在がいるのはどれだけ心強いことか。あきらめないで、知恵を絞り、わずかでも光の見える隙があるか探っていこうという力が湧いてきた。

「キッチンカーを置きたい」という僕たちの願いと、「歩道に車を停めることは許可できない」という警察。自分たちの主張をお互いに言い続けたところで、きっと食い違いは解消されない。そこで、まず警察の事情に寄り添って考えることにした。警察が許可できない背景には、「歩行者の安全を絶対守る」という彼らの論理がある。これをしっかりと受け止め、自らの行動に反映することで、耳を傾けてくれるチャンスが生まれるかもしれない。

僕たちは警察に対して、キッチンカーを停めさせてもらう時にこちらが果たすべき約束を提案した。一つ目は、警備服を着たプロの警備員を配置すること。二つ目は、運営チームやボランティアキャストも充分に配置してさらに安全を確保すること。この二つを徹底するという条件で、歩行者の安全確保ができるキッチンカーの停車候補地を落とし込んだマップを渡して、警察の担当者が上長に具体的に相談・報告しやすいようにした。仮に担当者が共感してくれた場合、彼らが動きやすい状況をつくることはとても大事になってくる。「まずはこの範囲で、今回だけやらせてみてください。その後については、今回の状態を見てから判断していただいていいので」と、許可してもらいたい区間・期間も区切ることにした。

さらに、リビングループの出店者は地元に関わりがあって反社会的勢力ではないことを自分

キッチンカーで調理中の音と匂いが通行人の足を止める

たちで審査して安心感をつくりだすことで、治安の維持につながり、市民が一層暮らしやすいまちになるのではないかという考え方を示した。リビンググループの理念は警察の掲げる目的と一致し、ともに安心できるまちをつくっていく同志になると、僕らは伝えた。

そしてついに、キッチンカーの停車が提示した条件下で1回のみ許可されることになった。それは不可能が可能になった瞬間だった。また、運営サイドから安全確保の条件を積極的に示したことにより、自分たちの中での安全に対するセンスも敏感になった。杜撰なことをすれば自らの首を絞めることにもなる。くつろげることと安全であることは表裏一体だという考え方を徹底し、このイベントの関係者全員で共有した。警備員さんたちとも仲良くなり、彼らは「自分たちがこの場所を守っていますから、大丈夫です！」と使命を果たす喜びを表現してくれるようになった。

驚いたのはその後のことだ。翌月のネストマルシェ開催前に、都市計画課の担当から「リビンググループで許可された範囲なら、次回以降もキッチンカーの乗り入れはＯＫしてもらえる可能性があります」と言われたのだ。「１回のみ許可」されたリビンググループの状況がしっかりとまちの治安維持に貢献するものと判断されたのか、通常時のキッチンカーの歩道への乗り入れも許可されることになったのだ。あれもダメ、これもダメ、と言われ続けてきたので、不意に先方から率先して認めてくれたことにとても驚いた。こうやって前進できるなら大変でも腐らずがんばるぞと前向きな気持ちになれたし、ますます身が引き締まった。

これこそが、「前例主義」なのだ。いい前例をつくることで、やれることは確実に増えていく。

ストリートパフォーマンスができるようになるまで

リビンググループでぜひとも活躍してほしいと考えていたのが、ストリートパフォーマーだ。何でもないまちなかの一角に、ふと劇場になる瞬間を生みだす彼らの価値はとても大きい。思いもよらない楽しさに出会えるまちは素敵だ。

ただ、ストリートパフォーマンスをするためには警察の許可が必要になる。警察は当初「誰が許可されていて誰が許可されていないか見分けがつかない」「騒音苦情が出ると困る」という理由からやらないでほしいという論調だった。周辺住民からの苦情対応をしている立場ならそう考えてしまうだろう。

そこで、相手の立場に寄り添う視点からできる方法を組み立てていくことにした。「見分けがつかない」ことが不安要素なのだから、許可されているパフォーマーがしっかりと分かればいいのではないか。絶対に見分けのつく場所でパフォーマンスをする、という工夫はできる。道路使用・占用許可をとったゾーンの明らかにド真ん中にパフォーマーを登場させ、周囲には安全や音量に配慮できるようキャストを配置した。

過去に騒音についてネストマルシェで1件苦情が寄せられたことがあるが、すぐ音量を絞るなど迅速な対応をしたことで住民からのクレームはそれ以上起こらなかった。対処に基づく経験値も相手を安心させることにつながる。何よりパフォーマンスを楽しむ人たちの輪ができることで通りの雰囲気は一変し、〝歩く道〟から〝過ごす道〟になっていったのがよくわかった。「何をしているのかな?」と立ち止まってパフォーマンスを見ているうちに、その場に居合わせた人たちの中に一体感が生まれ、「すごいね!」「いいもの見ちゃった!」とみんなで笑いあう様子を、後ろから見ている時の僕たちの幸福感はものすごい。観客にとってのいつものまちの風景が、鮮やかな思い出に昇華していくのが見えるようだった。

ストリートパフォーマンスを行うには許可が必要であることを知らないパフォーマーも少な

まちを歩く人が思わず足を止めるパフォーマンスも今では定着した

くない。ゲリラ的にやりたいことをやって、怒られたら逃げるように撤退する、ということを繰り返せば、まちのルールはどんどん厳しくならざるをえないだろう。しかし、きちんと許可をとっている組織が堂々とパフォーマンスをすることは、警察にとってもメリットがあるはずだ。許可の必要性を周知でき、ルールが守られればより自由で楽しい時間がつくれるというプラスの価値を提示できるからだ。

リビングループの当日、来てくれた豊島区長がストリートパフォーマンスを見ていると、許可を出した警察署の担当課長と巡査がたまたまやってきた。地元のパフォーマーが地元に想いを込めて子供たちと手拍子しながら歌う。とても素敵なパフォーマンスを前に「ここでパフォーマンスを行えるように認めたのは、実は私なんです!」と警察の課長と巡査が区長に話しかけ、「いいねえ、素敵だねえ」とにっこりする区長を見てとても嬉しそうな表情をしていた。「自分たちの手で、こういうことができるまちにしていきましょう！」と、行政と警察が同じ方向を向いて一歩踏みだした瞬間だった。

ナイトマルシェで気づいた照明計画

工夫の限りを尽くしてリビングループを盛り上げようとしていた僕たちが課題に感じていたのは、最もムードを盛り上げたい夕刻から夜にかけての雰囲気がまったくよくならないということだった。理由は街路灯にあった。グリーン大通りの歩道中央にそびえて並ぶ照明は白っぽい光で頭上を照らすため、逆に手元が暗くなるのだ。ちーんと仄暗い歩道はまるでお通夜の風情で、屋台に並ぶ商品はよく見えず買う気も起きない。

公共空間の街路灯はムードを出すためにあるわけではなく、夜の安全確保のために設置されている。さすがに「マルシェの雰囲気が損なわれるから、この街路灯を変えてもらいたいんですが」と相談したところで、そんな手前勝手な話が通らないというのはわかる。解決の糸口が見えず悶々としていたところ、偶然、ラッキーな出会いがあった。講演をしていた時に「もしよかったら、グリーン大通りの照明計画を変える手伝いをしますよ」と声をかけてくれたのが、

左／リニューアル前の白色の街路灯、右／リニューアル後の街路照明

「ぼんぼり光環境計画」の角舘まさひでさんだ。彼は各地で実証実験を重ねて都市を変えていった実績を持つ照明分野の博士で、偶然にも豊島区で生まれ育った生粋の豊島人だった。「ハード整備をしなくても仮設で変化を見ることができるのが、照明の強みなんです。まずはリビンググループで街路灯を消してもらい、照明の照度や配置によって、人が佇んだり歩いたりしたくなる導線を設計して賑わいを操作する試みをしてみるのがいい」と提案してくれて、彼の全面協力のもと、グリーン大通りでの実証実験への準備がパワフルに進められることになった。

説得すべきは、道路使用の管轄である警察だ。これまでも学んできたように、警察から理解されるためには、まちの安全を守るためだという大義が重要になる。

角舘さんは、「頭上ではなく手元を明るくする照明にすることで、ゴミのポイ捨てが減るかもしれない。将来ＬＥＤに切り替えて低コストで明け方まで照らし続けることができるようになれば防犯対策にもなるだろう。より安心安全なまちにするために、実証実験をするべきだ」と説明した。リビンググループという人出が多い時に実証実験をして安全性を示せれば、通常時の交通量でも安全というわけだ。このロジックであれば、警察も前向きな判断ができる。

当事者だけが話すとどうしても利益誘導ではないかと思われてしまうことも、第三者、それも博士号を持つ専門家が客観的に有用性を説くことで、価値がすんなり伝わるのは本当にありがたい。その頃の僕は、ネストマルシェとリビンググループを軌道に乗せたい、賛同者を増やしたいという思いが強く、講演に呼ばれるとどこでも必ずこの話をしていた。そんな僕の話に耳を傾けてくれる人の中から、こんな強力な助っ人が現れ、窮地を救ってくれることがある。

こうして、２０１７年のリビンググループではグリーン大通りの白色の街路灯は消され、色温度の高いムードのある屋台照明が主役になった。夜になるとふっと寒くなる11月、暖色のライトが連なる歩道は足を止めたくなる温かな雰囲気へと変わった。

この社会実験がきっかけで、グリーン大通りの照明計画は抜本的に見直されることになった。既存の街路灯は撤去され、グリーン大通りには今、手元や足元を照らしてくれる温かな街路照明が新設されている。この実験は、変わることなどないだろうと思っていたまちのハードを変える力となったのだ。

ストリートファニチャーによる居場所のつくり方

マルシェでは、買ったものを持ち帰るか、その場で歩きながら食べるというイメージが強いが、すぐそばに座って食べられる場所があると「あ、ここで食べていいんだ」とほっとする。特に子連れの家族にとってはそうした設えがあるかないかで居心地が大きく違ってくる。

ただ、マルシェの開催時は、出店者を集めて行政や警察と交渉するなど無事に開催することに意識が集中してしまい、来場者の居場所づくりはうっかり後回しになりがちだ。座れる場所がなくても最悪マルシェは成立するし、ストリートファニチャーのリース代は事業費の中から捻出しづらい。でもまちをリビングのように使ってもらいたいという思いが何よりも優先される僕たちにとって、人々を受け止める居場所づくりは必須だった。

とはいえ、それを実現するのは簡単ではなかった。屋外で使用できるストリートファニチャーを開発している会社が日本には少なかった。そのなかでもパイオニア的存在で公園遊具なども扱う会社コトブキが海外製の優れたファニチャーを輸入してリースする取り組みを始めたと知り、協力を仰ぐことになった。まだ輸入できる製品の種類が少ないなか、ブライアントパークやタイムズスクエアで使っているフェルモブ社製のファニチャーが入手できるという。

そこでクラウドファンディングを立ち上げて、リビンググループにストリートファニチャーを置くための支援を募り、当日設置したファニチャーに支援してくれた人の名前とメッセージが刻印されたタグをつけることにした。日本では珍しかったチェアファンディングだ。当日は自分のタグのついたファニチャーを探しながら、公共空間をまるで自分だけのリビングのように使ってもらう楽しみが生まれる。興味を抱いてくれた86人から52万6千円を集めることができた。

1年目の2017年は正直、このストリートファニチャーを活かしきることができなかった。どのように設置すれば人々がくつろいでくれるのか、という家具配置に対するリテラシーが僕らになかったからだ。座れる場所をまとめて設置すればいいと思っていたが、それだとま

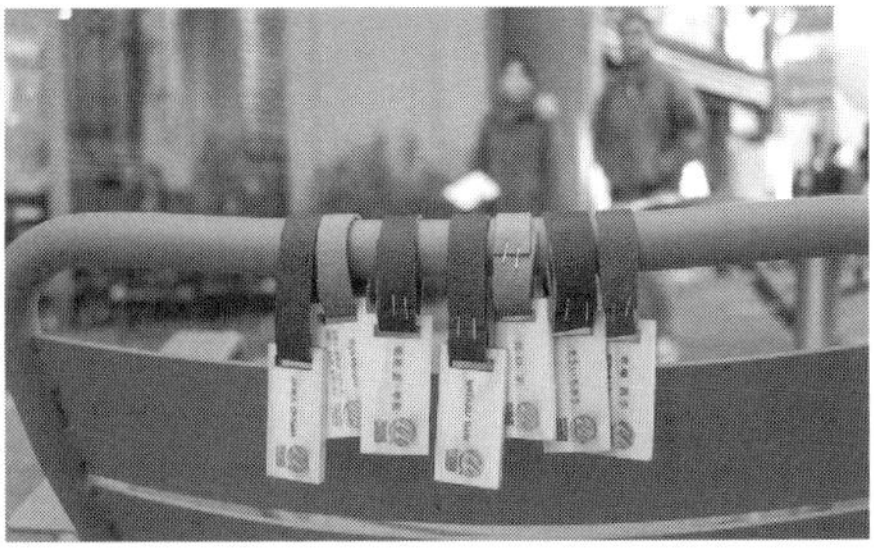

上／チェアファンディングで置かれたフェルモブ社製のストリートファニチャー
中／当初は展示場みたいに配置してしまい、座る人は少なかった
下／2日目に配置を変更。飲食コンテンツの近くに配置すると座る人が現われた

るで家具の展示場のようになってしまい、「ここに座ってくつろいでいいのね」と認知されにくいのが見ていてわかった。誰かが座るとつられて他の人も座るのだが、自然とそうした雰囲気が生まれてこなかったのは、こちらの経験不足によるところだろう。

その後、僕たちは居場所のつくり方についてより詳細に検討するようになる。キッチンカーのすぐ隣にテーブルと椅子を置くことでキッチンからダイニングに食事を運んで食べるようなスムーズな動線が確保されることや、居場所を分散させると居場所の選択肢が増えてより主体的に使ってもらえるようになるということがわかった。公園とは違って、道路には道路の居場所づくりが必要であるということを知った。リビンググループ当日は本当に慌ただしく過ぎていくが、スタッフやキャストが冷静な目で現場の状況を観察し、足りない部分をしっかりキャッチして翌日に活かすことを心がけている。

場の安全確保と設営・撤収の省力化

前述した通り、公共空間のイベントは安全確保が第一だ。それはストリートファニチャーや屋台などの什器の設置についても同様である。役所や警察など管理者の皆さんに言われたのは、

「投げ飛ばされたりしないように注意してください」ということだった。「投げ飛ばされるって、そんなことあるの？」と最初はピンとこなかったのだが、だんだんとその言葉の意味がわかるようになった。

まず、風の威力は想像以上にすごいことは骨身に沁みた。雨もしんどいが、風はもっとしんどい。テントが吹き飛ばされたり、ファニチャーが転倒することが容易に起こる。車道に飛ばされたら車にぶつかり大惨事を起こすし、歩行者にぶつかって怪我をさせる恐れもある。さらに、悪意のある第三者が家具などを破壊したり、人に投げたりすることだってありえないとは言えない。そう考えると、「外にものを置く」のは実は怖いことなのだとわかってきた。

つまり、連日開催しているリビンググループではあっても、僕たちのいない夜間は設営したものをすべて撤収し、そうしたことが絶対に起きないように管理しなければならない、ということだ。明日使うのがわかっていても、夜はいったんすべて片づける。1年目は、夜間閉鎖している南池袋公園内にそれらをすべて移動して保管していた。1日気を張ってイベントを運営した後、夜にはその肉体労働が待っている辛さは半端ない。片づけがすべて終了する頃には午前様近くになっている。マルシェを開催するとヘトヘトに疲れる理由の一つはここにあった。

リビンググループがまだ2日間の開催だった時は一夜だけのことと割り切ってがんばっていたが、2年目からは3日間の開催を計画していた。この撤収と再設置を2日にわたって繰り返さなくてはならない。

ところが、前例と信頼が変化を呼び込んだ。2年目のリビングループでこの掟がちょっと緩むことになったのだ。1年目のリビングループの取り組みを評価してくれていた警察から、グリーン大通り上で設営していたものは夜間にその付近に（1カ所ではなく4カ所に）撤収しておけばいいという許可が下りたのだ。この労力のスリム化がどれだけありがたいか！まさにこれも、前例主義による恩恵だ。管理者から言われて仕方なくやるのではなく、危険だから自ら率先してやるという姿勢で取り組んでいたから信頼を得られたのだと思う。もちろん、撤収管理場所が4カ所に増えたことでそのすべての箇所に警備員をつける必要が出てきたが、例によって仲良くなっている警備員さんたちが翌朝、「しっかりリビングループの安全を守っておきましたよ！」と笑顔で報告してくれると嬉しくなる。

疲れてくると、「まったく大変だよなあ！」「ここまでしなくてはならないなんて！」などとつい思ってしまうこともある。でもそこで本質を忘れてはならない。チーム内で「なぜこの作業が必要なのか」という目的の共有を大事にすることで、納得して真面目にその作業にあたり、関係者と信頼関係ができ、できることが増え、かけていた手間も少しずつシェイプアップしていけるからだ。この循環をつくっていくのが運営者の責任だとも言える。

出店者との向きあい方

マルシェ運営にとって最も大事なことは二つ。一つ目は出店者が集まること。二つ目は、出店者が「出店してよかった」と思える実入りがあることだ。これを確保することこそが、マルシェ存続の鍵となる。僕たちが心を尽くし、頭をひねり、トライ&エラーを繰り返し続けているのはこの部分だと言える。

ここでの本題に入る前に、前提として僕たちが抱えていたややこしさを説明しておく。

そもそもネストマルシェの開催の時から出店者を集める苦労は続いていた。苦労の源はグリーン大通りをどう扱うかという問題だ。南池袋公園に出店したいという人はいても、グリーン大通りに出店したい人は当初ゼロだった。それもそのはず、南池袋公園にはすでにたくさんの人が訪れるようになっていたが、グリーン大通りは週末の人通りがほとんどないからだ。仕方がないから、僕たちは、まずは公園の方の集客をしっかり確保して、そこからグリーン大通りに人を流すしかないだろうと考えた。

ところが、この方針は、行政からはグリーン大通りを蔑ろにしているように見えたようだ。「グリーン大通り等賑わい創出事業」なのに公園ばかりにかまけているのではないかと随分心配されていることは知っていた。ただ、僕たちなりに行政に対して言いたいこともあった。そもそも僕たちは、南池袋公園に対して責任をもって主体的に関わりたいという思いが先にあり、その僕たちの懇願が事業プロポーザル実施のきっかけになっていると認識していた。だが、蓋をあけてみたら、「グリーン大通り」の賑わい創出が主目的として謳われた事業として募集されたのだ。それを承知で事業に応募したものの、正直、僕たちは当初の趣旨が捻じ曲げられて、何をやっても賑わうことのなかったグリーン大通りについての責任を押しつけられているような被害妄想的な気持ちも湧き上がっていた。ただ、リビングループの開催時にはグリーン大通りもきちんと賑わうようにしなければ、と覚悟はしていた。そこで、ネストマルシェでの反省を活かし、新たな方針を立てた。

まずは、「良質な出店者を増やす」ことだ。これは、口で言うのは簡単だが、行うのはとても難しい。単に出店者を増やすのではなく、店の質を問うのだから、間口を開けながら絞るという作業を同時に考えなければならない。

そもそも出店者の出足が渋い時に、絞ることなど考えられない。ネストマルシェを始めたばかりの頃は出店者も客も増えなかったし、せっかく出店してくれた事業者からは「こんなに売れないようじゃ、マルシェとは言えない」と苦言ももらっていた。とりわけ有名店は、他のマルシェで売れた実績があるため、売れないと運営側への眼差しが厳しくなる。また、南池袋公園があまりにも華々しく世に知れ渡っていたことで、その集客力を期待して出店してくれた人たちはイメージと実際の売上げとのギャップを感じたようだ。利用者の多い南池袋公園だが、公園で何かを買おうと思って来ている人はそれほどいない。売上げが立たなくて焦った出店者の中には呼び込みを始める人もいて、それが公園の雰囲気を崩してしまうこともあった。

そうした厳しい状況にあると、出店者がどんどん減ってしまうのではないかという恐怖心も相まって「質より量」となりがちだ。いいお店を呼びたいけれど、売れなかったら申し訳ないというためらいが生まれてしまう。その負のスパイラルに陥ると、まちでマルシェを運営する価値さえも見失ってしまう。

やっぱり、出店者は、選ぼう。僕たちはそう決めた。

選ぶ基準は、リビングループでこそ出会えるものを手掛けている出店者であること。有名店でなくても、地域を大事にする志と努力をしている出店者であること。そうした出店者が集う場であることこそが、リビングループの価値である。その原点を僕たちの意志としてきちんと体現していこうと思いを新たにした。

池袋経済圏のローカル・ミーツ・ローカル

僕たちの考える地域性とは、池袋らしさを打ち出すことだ。池袋を起点とする西武池袋線は秩父まで通じ、東武東上線は寄居まで通じている。ターミナルである池袋にはこの沿線のヒト、

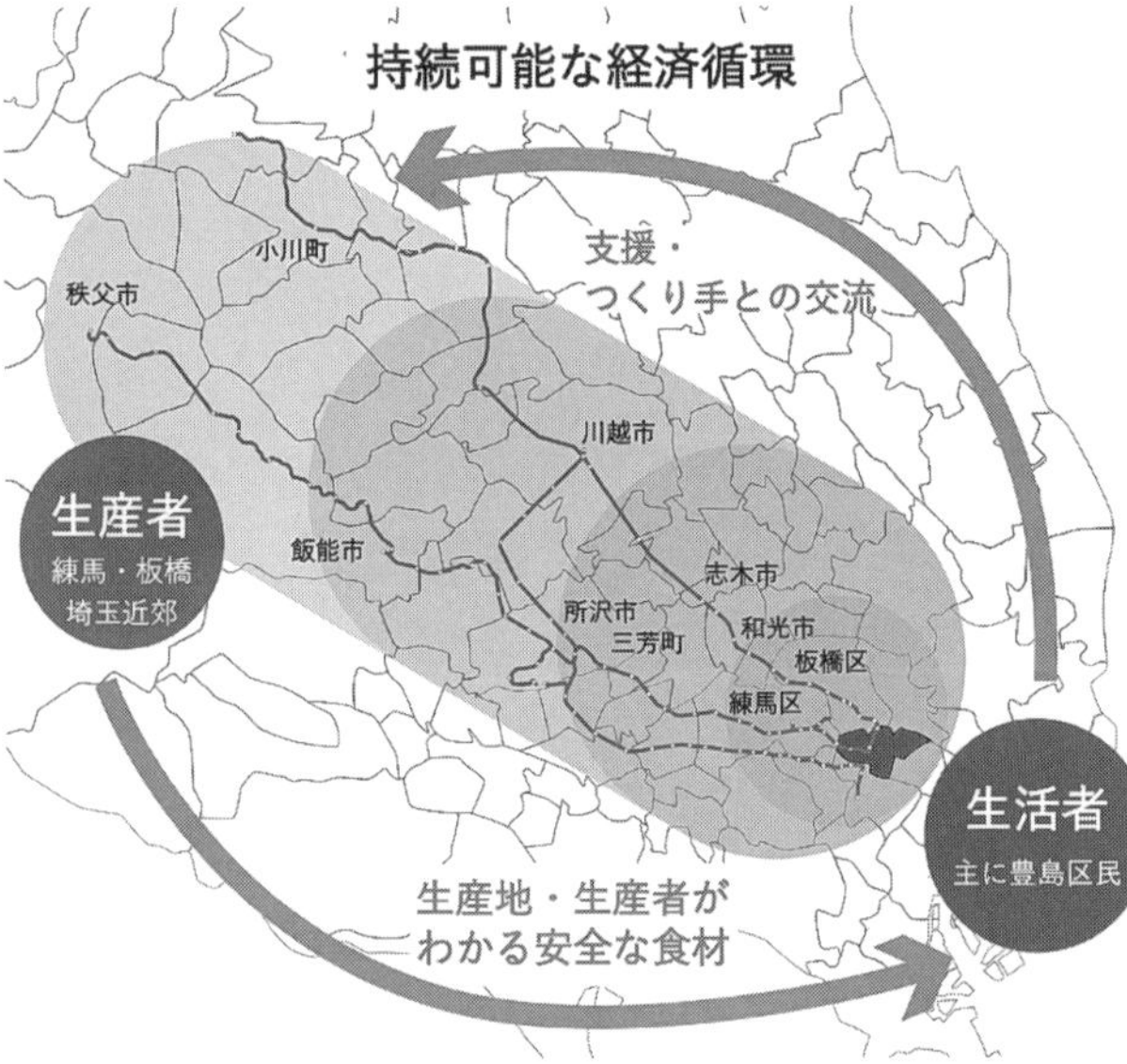

豊島区の生活者と沿線の生産者のつながりを生みだし、池袋に暮らし続けたいと思ってもらうことがリビングループの目的の一つになった

板橋のオーガニックファーム「THE HASUNE FARM」(左)と、練馬でワインの製造販売を行う「東京ワイナリー」(右)は、ローカル・ミーツ・ローカルの代表格

モノ、コトが集結する。都心とローカル、都市の生活者とローカルの生産者が連携して暮らしをつくっている池袋沿線のエリアを「池袋経済圏」と捉えることができるのではないか。

僕たちはこうした池袋の特色をリビングループのありたい姿にそのまま重ね、「ローカル・ミーツ・ローカル」と呼ぶことにした。ローカルに根ざした出店者と、池袋で出会う。池袋の出店者とローカルの出店者も、出会う。出店者を優劣ではなくローカルへの根づき方で見るレギュレーションは、僕たちのありたい未来に近づくために必要だった。

リビングループの企画をともに取り組んでいた良品計画もこの趣旨に賛同し、全国の産地直送品を扱う「諸国良品」や以前より連携をしていた「日本全国スギダラケ倶楽部」のネットワークを総動員し、多くの出店者がリビングループに集結した。多くの屋台が連なる圧巻の風景は、出店者不足に悩んでいたネストマルシェからは一転、夢のような賑わいに見えた。

また、「ローカル・ミーツ・ローカル」は沿線との関係だけでなく、池袋というエリア内でも進めていくことにした。公園やマルシェをきっかけに池袋を訪れるようになった人やここで暮らし始めた人は、駅や大型の商業施設に足を向けることはあっても、地元に増えつつある個人経営の個性的な飲食店や本屋、そこに至るまでの路地や参道などに意外と気がついていないのではないか?ループを描くようにまちなかを散策して自分の趣向にあった場や人との出会いを楽しむきっかけをつくりたいと考えた。

僕たちが目を向けたのは、南池袋公園から駅と反対側に広がる情緒溢れるまち、雑司が谷。

左／鬼子母神での手創り市では1ブースをいただき良品計画のワークショップを開催
右／すぐそばの大鳥神社ではリビングで楽しむ娯楽をテーマに落語や音楽演奏を開催

僕らは南池袋公園から雑司が谷にいたるエリア一帯を「奥池袋」と表現してみた。とはいえ、いざ歩こうと思うと結構な距離がある。目的性の高いコンテンツとの連携は不可欠だった。そこで雑司が谷の鬼子母神で行われていた「手創り市」と連携していきたいと考えたのである。

無理を承知で、手創り市を主催していた名倉哲さんに連絡したところ、本来日曜のみの開催のところリビングループに合わせて土曜日も開催してくれるという、信じられないくらい懐深いご対応をいただけることになった。リビングループのマップには手創り市への周回コースを掲載して鬼子母神へと人の流れをつくり、また手創り市の会場にリビングループのワークショップスペースを設けたり、手創り市のもう一つの会場だった大鳥神社のステージをお借りして音楽ライブや落語会をさせてもらうなど、相互で盛り上げていくような動きをつくっていった。

知恵と力を振り絞って挑戦した２０１７年の第1回リビングループは、スタートアップの力みもずいぶんあった。掲げた目標に対して必死に取り組んできたが、今振り返れば結果的に続かなかった企画も多くある。手創り市との連携もこの回だけになってしまった。反省ばかりの後日談は後で触れよう。

リビングループ後のまちの変化

怒涛の２０１７年は試行錯誤の連続だった。思えば本当に苦労の多い、必死という言葉がぴったりの1年だった。でも試行をやめず、これだと思ったところに球を投げ続けていると、思いもよらない変化が起こることもあるのだ。

一つの変化は、南池袋公園の向かいにあるビルの1階で起こった。発端はリビングループ中に開催された「豊島区の未来について語り合う」というトークセッションだった。宿本副区長（当時）、良品計画の金井会長、馬場正尊さん、僕が登壇し、グリーン大通りの真ん中にゆるっと設営された会場で、まちに居場所をつくる価値について熱い議論が交わされた。

大いに盛り上がったそのイベントを見に来てくれたのが、南池袋公園を見渡すことのできる

左／リビングループを楽しむ宮副信也さんファミリー
右／３回目のリビングループのトークセッションには宮副さんも登壇

そのビルを所有する宮副信也さんだった。池袋をつくる当事者として「公園がこれだけ綺麗になり、リビングループのように人々が集う時間ができ、ストリートファニチャーを置いてこのエリアを使いこなす試みも進められているなかで、僕のできることはビル1階に良質なテナントを誘致することではないか」と思ったという。彼が難しい交渉の末に誘致を決めたのは、丁寧に淹れたコーヒーのあるライフスタイルを発信する「ブルーボトルコーヒー」だった。南池袋公園をさらに満喫できる一角が現れたことで、界隈の雰囲気はますます魅力的になり、住人や訪れる人々に喜ばれている。

　リビングループの風景が、「こんな暮らしはいいな」という実感を伴った想像につながり、まちのコンテンツを変化させるきっかけになったと言える。まるでオセロのように良い方向に変化が連鎖していくのを目の当たりにするようだった。

南池袋公園前にできた「ブルーボトルコーヒー池袋カフェ」

もう一つの変化は、リビングループに一番来てほしい人たちが来てくれたことだ。豊島区の都市計画課の担当だった3人である。僕たちが試行錯誤しながらまちづくりをしているプロセスを知るこの3人は、うまくいったことだけでなく、うまくいかないことやさまざまな軋轢も間近で見て知っている。当然、僕たちとの関係だって良い時ばかりではなかった。そんな彼らが、トークセッションが終わった後に僕たちのところに来てくれて、「参加している人たちの顔がすごくよかった。行政も、まちにとってもっと良いことができるんじゃないか、と思った」と高揚した顔で伝えてくれた。時にぶつかることのある関係だった彼らが、同じ方向を向いていることをはっきりと表明し、自らもその動きをつくっていきたいと身を乗り出したこと。立場は違えど仲間としてタッグを組むことができた瞬間だった。この価値はあまりにも大きい。

プロジェクトを前に進めていくと、いろいろな場面で行政と民間の関係はその立場の違いからぎくしゃくすることもある。でもいろいろあっても、行政と民間は切っても切れない関係にある。切れないからこそしんどくもあり、それでも関わり続けるなかでこうして変化も訪れる。そしてこの変化はリビングループを進化させていく弾みになった。2017年は、この弾みを得ただけでもよしとしたい。

5 「まちが喜んでいる」風景が見たかった

初年の膨大なダメ出しを経ての翌2018年のリビングループ。もはや手探りではなく、起こりうることが想定できる状態になっていた。2年目以降は「もっとこうすれば」という学びを生かすチャンスでしかない。ようやく僕たち自身も楽しむゆとりができ、状況を俯瞰できるようにもなっていた。持続可能な運営体制をつくるために、肩の力を抜くべきところと集中して取り組むところとの緩急をつけながら、いくつかのマイナーチェンジを試みた。

左／金曜夜にふらっと立ち寄る通勤客
右／警察と協議をして、キービジュアルの看板を開催週のはじめから先行設置

季節を変え、3日開催に

最も大きい変更は、開催を11月から5月にしたことだった。高層ビルが両サイドにそびえるグリーン大通りはビル風が強く、温暖な季節の方がよい。加えて、1年目に関係者だけを対象に行った金曜夜の前夜祭がとても楽しく、内輪だけでなくオープンにしようということになり、金曜〜日曜の3日開催とした。設営は木曜午後から始め、金曜はエリアを限定して夕方からの開催だ。これがちょっとした夜祭りの風情で、ふらっと立ち寄ってくれる会社帰りのサラリーマンの姿が見られたのはとても新鮮だった。このまちで働く人たち、このまちに帰ってくる人たちが1週間の中で最もリラックスした気分でまち飲みする風景は、何にも代えがたい。

コトブキ社がファニチャーレンタル事業に本腰を入れ、テーブルとベンチが一体になった家具やさまざまな形状のベンチが導入されたのがまたよかった。1年

1年目のリビングループでは誰も座ろうしなかったのが嘘のような、ストリートファニチャーでの過ごし方

目の反省を生かしてキッチンカーのそばにファニチャーを分散配置したことで、グリーン大通りのあちこちにリラックスして座って食べている人だまりができた。

段取りに余裕をもって当日を迎えられたのは進歩だった。1年目に満足な時間がとれなかったキャストと出店者への説明会を、この年からは丁寧に行うことができた。リビンググループを開催する目的や理念を共有し、当日の注意事項もその理由まで深く説明する。自己紹介で打ち解け、出店者同士も顔見知りとなり、当日を迎える時にはすでにワンチームとなっていた。

だからこの年からのリビンググループは、プロ意識とリラックスが同居した絶妙な雰囲気が流れるようになった。出店者たちの間には、時間ができるとお互いの店の商品を買いあうような関係性が生まれ、訪れる人たちはこうした場の温度感に反応して歩く速度がゆっくりになる。開催日にはすでにベンチが温まっていること。そのためのゆとりがあること。ベストな状況を想像し、前倒しして考えていくと、すべき準備が見えてくる。

地元へ協力を呼びかける

1年目のリビンググループの終了直後、僕たちは地元のお店に、その報告と次回参加のお願い

左／まちをリビングにしたいというコンセプトに共感してくれた青山剛平さんが持ち込んでくれたソファセット、右／まちのさまざまな場所で見かけるようになった、リビングループの告知

に回った。地元の方々はリビングループの存在を認識してはいるものの、自分が関わっても大丈夫なことなのかどうかいったんは様子を見る、という構えだった。熱が冷めないうちに顔を見ながら説明し、リビングループの趣旨を理解していただくことが大事だと考えたのだ。一方で、お店にとっては、まちなかの公園や道路にわざわざ出店するよりも自分のお店に客が来てくれる方がありがたいに違いないので、控え目な反応のお店が多いことも半ば納得していた。

そんななかで、「じゃあ参加してみますよ」と快諾してくださる方もいた。その1人が、「ワイン食堂GOCCHI'S（ゴッチス）」など3軒の飲食店を南池袋エリアでドミナント展開をしている青山剛平さんだった。彼は「まちがリビングのようになる新しい日常の風景をつくりたい」という僕たちの目的をそのまま賛同してくれただけでなく、お店で使っている重厚なソファや照明器具をグリーン大通りに持ってきてセッティングし、本当にまちにリビングを設えてしまった。青山さんは、リビンググループに本気で向きあってくれたのだ。それはとても素敵な風景だった。お店でくつろぐ様子がそのまま透けて見えているような、舞台の一幕のような、強烈に魅力的な存在感だった。地元のお店が出店していると、馴染みのお客さんが遊びに来てくれる。僕たちが一生懸命つくりあげてきたこの新しいイベントがまちに受け入れられ、深く根をおろしたような感動があった。

その他にも、大きなポスターを工夫して貼ってくれる店や屋外の黒板にリビンググループの告知を描いてくれた店もあった。そうしてまちの中に「リビンググループ」という文字を目にすることが1年目より増えていく。さらに、グリーン大通りに面して建つ大和証券ビルの1階ガラス面にはリビンググループのポスターを〝内側から〟貼ってもらうことができた。1年目は〝外側から〟貼らせてもらったが、内側からというのは能動的に貼ってくれたということ。また、パルコの壁面にある大型の液晶ビジョンにもリビンググループの告知スライドが表示される瞬間が設けられた。これは、豊島区の告知枠をリビンググループのために使わせてもらえたから。1年目の成果が、池袋の事業者に広報を協力することにつながり、「まちなかで出会う　おいしい、楽しい、くつろぎの時間。」という言葉がまちに広がっていった。

子供たちにリビングループを届ける

僕たちがこのまちの未来を考える時、その中心にいてほしいのは、子供たちだった。2014年に日本創生会議によって豊島区は「消滅可能性都市」に挙げられたが、これはまさに「2040年までに20〜39歳の女性人口が半減する」自治体と予測されたということだ。未来に子供が減ることはすなわち消滅を意味するのだ。子供たちがこのまちで幸せに育ち、将来もここに住むことを選択することで、結果的にまちの未来は太くつながっていく。

そこで、僕たちはリビングループを子供たちに届けたいという思いを、少しずつ形にしていくことにした。まずはその情報を子供のいる家庭に直接届けること。近隣の小学校を通して各家庭にチラシを配ることが可能だったのは、リビングループが豊島区の取り組みだからだった。とはいえ区立小学校は22校もあり、各校の受け止め方はさまざまだ。会場付近にある小学校は大きな関心を示してくれるし、遠くにある小学校はさほどでもない。同じ豊島区内であっても、そこにはありありと濃淡がある。〝エリア〟というのは必ずしも国や行政が引いた輪郭で区切られているわけではなく、もっと有機的なものなのだ。

子供たちへの働きかけを行ったせいか、近くに暮らす子供たちがリビングループに遊びに来てくれるようになった。5月の気持ちのよい屋外で美味しいものを食べたり、街路樹の木陰にあるハンモックに揺られたり。ただ、子供は飽きやすい生きものだ。大人はただのんびりそこ

左／ワークショップにはたくさんの母子が参加。道行く人も思わず立ち止まる
右／チアリーディングによって、一層多様な年代がリビンググループにやってくるように

に居るのが心地よくても、子供は一瞬でつまらなくなる。彼らが面白く過ごすには夢中になって遊ぶものが必要なのだ。

僕たちはリビンググループの一角にものづくりを楽しめるワークショップゾーンをつくることにした。中心となって仕掛けていたのは、無印良品の「もったいない工房」。無印良品の家具やリネンをつくる時に出る端材を利用するこの工房では、地域のクリエイターが先生になる。1年目から出店してくれていたが、ワークショップ系の出店者をかためて配置すると、子供たちは俄然盛り上がった。何人かの子供が熱中して何かをつくっている現場を見た子供は自然と吸い寄せられていく。ものづくりワールドの伝播力はすごい。

それはまるで家のリビングのような風景だった。なんでもない休日の昼下がり、家にある素材を手にした子供がふと工作にのめり込み、親が少しコツを教えるとどんどん上手になり、気づけば隣で親も一緒につくり始めている。静かだけれど、情熱的な時間だ。

そんな家のリビングの過ごし方を、リビングループの中で提案できていることに気づいた。まちでリビングのように過ごしていると、家のリビングでの過ごし方や暮らし自体も変化していくかもしれない。「リビングループ」という名前のもう一つの意味を見出してしまったようだった。

もう一つ、グリーン大通りでチアリーディングチームに演技を披露してもらったのも楽しいイベントとなった。まちを舞台に演じた子供たちだけでなく、孫の晴れ舞台を見に訪れた多くのシニア層にも喜ばれた。親が子供を連れて来るだけでなく、子供がシニアを連れて来ることで、多様な年齢層がそれぞれの楽しみをリビングループで見つけてくれるようになった。子供が真ん中にいるまちは、こうしてポテンシャルが引き出されていくのだと実感した。

出店者たちとの一体感が増す

温暖な5月の気候が幸福感を底上げし、2年目のリビングループは成長した姿を見せた。客足は1日目より2日目、2日目より3日目が多く、これはSNSなどで雰囲気を見て「最終日には行かなきゃ！」と思って来てくれる人がいたことを端的に表していた。「行かなきゃ！」と思うのは、リビングループが1年に一度のフェスだからだ。ネストマルシェは無理のない規模で行い、リビングループではそのムードと規模を一気に広げて最高のひとときを多くの人々と共有する。そして、まちにカルチャーショックを与える。

出店者も1年目とは違って溢れるほどの応募があった。10台ものキッチンカーが並び、飲食の選択肢が格段に多くなったのはありがたいことだった。ただ、売れる店と売れない店はどうしても出てくる。「自分に割り当てられた場所や条件が悪いから売れないんだ」と怒って次から出店してくれなくなるお店もある。

ただ、だんだんわかってくるのは、一般的な店舗の作法とは違う「屋外ならではの売り方」があり、その売り方を体得していくお店はどんどん成長するということだ。成長する店は、まちの様子をよく観察している。自分たちが売れることだけでなく、リビングループという空間が成長することを一緒に楽しんでいる。そして、大抵のお店がより条件のいい場所を望むなかで「もっと厳しい場所に割り当ててください！」と申し出てくれることさえある。リビングループとともに自分たちも成長したい、一緒に高めあいたいという、そのプラス思考が居心地のよさを生みだし、それがお客さんにも伝わるのだろう。

僕たちはイベントで儲けたいわけではない、という大前提がある（儲けたいなら確実に違うことをやっている！）。まちに居る人たちが笑顔で過ごしてくれることを何よりの喜びに感じ、池袋のまちの変化を大事にし、価値を育てていくことが目的だ。価値は突然つくれない。歴史も突然つくれない。少しずつ育てていくプロセスをともにしてくれるキャストや出店者がいると、彼らはリビングループのファミリーになる。ファミリーは、目先の損得で行動を変えない人たちだ。ダメな時は一緒に理由を考え、次こそはもっとよくしような、と一緒に前を向いて努力する。そういうファミリーがいれば、大抵のピンチも笑顔になれるから不思議だ。

50年間待ち望まれてきた、まちが喜んでいる風景

そうして一歩一歩を重ねている僕たちに、グリーン大通りエリアマネジメント協議会の服部洋司会長がリビングループの感想を伝えてくれた。まだまだ池袋の歴史の先っぽにちょんと乗っかったような僕たちの日の浅い営みは、どう見えるのだろう。服部さんは、にこやかな顔で話しかけてくれた。

「なんかさあ、若い頃に自分たちが見ていた池袋は、こういう感じだったなあと思い出したよ。百貨店ができ始めた頃ね、まだ客足が伸びなくて駅前でマーケットを出したりしていたのよ。その賑わいが、とても好きでね。今日は、その時かそれ以上の良さがあったよ。50年間見

1回目から半年で一気にギアが上がった2回目のリビングループ。「まちが喜んでいる」と言われて感無量

たくても見られなかった風景だよ。よくやったね。池袋のまちが喜んでいたんじゃない?」

体の芯から嬉しい気持ちが熱く湧き上がってきて、涙が出そうになった。半世紀前から望まれてきた池袋の姿に、少しずつ近づいている。未来しか見ていなかった僕たちは、気がつけば過去からひとつながりの道の上にちゃんと立っていたのだ。

6 台風の試練で研ぎ澄まされた、本当に欲しい未来

台風に見舞われた事業の最終年

リビングループ3年目の2019年は、10月開催だった。前年開催から1年半、落ち着いて準備をする時間を持てたのは初めてのことだ。僕たちはこの日のためにたくさんの人たちと会ってリビングループへの参加や賛同を得ながら準備を進めていった。考えられる準備はすべてやりつくしたと言っていい。とりわけ感慨深かったのは、定員を大きく上回る出店希望が集まったことだった。地元や近隣はもとより大分県や福島県、岩手県など遠方からも魅力的な出店者が応募してくれた。気候の穏やかな10月は全国各地で魅力的なイベントが開催されるハイシーズン。そのなかで僕たちが育ててきたマルシェに魅力を感じて選んでくれたことがとても嬉しかった。

ところが、この年は台風や豪雨が次々に襲来するというとんでもない秋になった。9月の台

風15号、10月の台風19号、21号と立て続けに日本を直撃し、各地に被害が相次いだ。リビンググループも、雨によるダメージを受けることになった。業務委託の随意契約3年目の最終年にして、雨で中止判断をせざるをえない初日を迎えた。どうしてこんなに試練ばかり続くんだ、と天を仰ぎたくなった。それでも僕たちはあきらめなかった。

暴風雨のなかで迫られた開催判断

広報に手が回せるほどのゆとりのなかった前年と違い、J-WAVEでナビゲーターのジョン・カビラさんがリビンググループ開催を声高に呼び掛け、駅なかの電光掲示板でもしっかりと宣伝枠が確保され、あとは当日を待つだけというなか、僕たちはずっと天気予報を気にしていた。予報が変わりますようにと祈っても祈っても、金曜日からの雨予報は消えなかった。

実はこの年、僕たちはリビンググループの開催自体の是非を悩み続ける事態にあった。開催1週間前の10月12日、猛烈な台風19号が日本を襲っていた。「このタイミングでの開催は、不謹慎なのだろうか」と考えずにはいられない。被災エリアは静岡から三陸までと広範囲で、千曲川が決壊して北陸新幹線や中央本線は運休、中央道も被災して長野からの主要ルートは寸断された。友人たちが被災している情報も入り、少しでも助けになればと彼らに支援物資を送ったり、時間ができればヘルプに行き、同時にリビングループの開催準備も進めていた。

「今年は出店したい！」と言ってくれていた人たちから「被災して行けない…」と断念を伝えられた時は、むしろそっちに飛んで行きたいと思った。「ありがとう。こっちはいいから、がんばれ！」と励ましながら、自分たちは何を優先すべきなのかと良心の呵責を覚え、心が張り裂けそうになっていた。

そんな時、「どうにかして出るから待ってて」と被災地から連絡をくれる出店者がいた。山梨をワインの産地としてブランディングし「ワインツーリズム」を主宰する大木貴之さんだ。大変な状況にもかかわらず「楽しみにしているから。美味しいワイン抱えてなんとかして行くよ！」と彼は言う。さまざまな食のイベントで大行列ができる大分県竹田市の小さな名店「オステリア エ バール リカド」の桑島孝彦くんも「悩んだけど、やっぱり純さんたちの本気が見たいから」とフェリーでわざわざ駆けつけてくれるという。そうか、開催をすることこそが僕たちの責任なんだ。最高の時間をつくるためにベストを尽くすべきなんだ。そう決意を新たにできたのは、僕たちが思うよりもっともっとリビングループに当事者意識を持っていてくれた出店者からの言葉だった。

それなのに、だ。週末は雨だと?神様はいないのか?

設営は木曜日の朝から取りかかることにしていたが、すでにその時点で雨が降っていた。濡れながらの設営は晴れている時の何倍もしんどいものだ。雨合羽を着て設営に来てくれたキャストに対して申し訳ない気持ちになりつつ、「天気よ変われ、変われ！」と念じ続けるも虚しく、金曜日の雨は確定に近い状況になった。

どうにもならない。1日目は中止だ。告知看板の18日（金）の日付にテープを貼って回った。集まってくれたキャストとお昼ご飯を食べ、その日はそのまま解散した。

晴天／雨天、両方に備えて乗りきる

気落ちする間もなく、その後も大事な判断が続く。翌19日（土）も午前中まで雨が残るという予報だった。中止にすると、飲食関係の出店者には用意していた食材のロスが出てしまう。一方で、仮に出店を決めて雨が降ってしまったら、クラフト系の出店者の物品は濡れて売り物にならなくなる。さらに、雨だと南池袋公園の芝生は濡れて座れなくなるため、来場者は激減する可能性がある。主催者の判断は、重たい。

ざあざあ雨の降るなかで翌日の開催判断をするのは難しい。悪い方へと想像が膨らみ、いっそ中止にしてしまえば楽になるのにという思いもよぎる。でも、もし、予報より雨が早く上がったら、中止したことをどれだけ後悔するかわからない。ネストマルシェでの経験をもとに、どうすれば出店者への負担を増やさずにギリギリまで判断を粘れるか考えた末、事前に「決行されたら困る人」を把握するためのアンケートをとった。

「今後、ある程度は天気の変動があるかもしれませんし、小雨の場合や雨が降る時間が短い場合などは開催する予定ですが、少しでも雨が降ると商品がダメになってしまう方もいらっしゃると思いますので、予報をご覧いただき、皆様の出店意向を事前に伺いたいと思います。その上で、事前にご意向を反映したレイアウトや動線も考えていきたいと思っております。〈一時雨〉バージョン（プランB）のレイアウトで進めるか、〈晴れ〉バージョン（プランA）のレイアウトで進めるかの判断は、前日16時に行う予定です。出店数によって、〈一時雨〉バージョンの場合、公園の出店者も天候による客足の影響の少ないグリーン大通りでの出店とさせていただきます。また、今回のアンケートでキャンセルされた場合は、キャンセル料はいただいておりませんので、ご安心ください」。

開催となっても天候不安定ならやめておきたいという出店者の意向を知り、その場合に減る店舗数を鑑みた会場設営もプランBとしてつくっておく。きちんと雨が上がったら予定通りのプランAでいく。歯切れは悪いし手間は2倍かかるけれど、この状況で決行するならばどうしても必要な手順である。

アンケートの結果は、最後の一文が効いたのか、この時点でキャンセルを決断した出店者は残念ながら相当数にのぼった。相次いだ豪雨災害に、あいにくの天気予報。仕方のないことだが、当初あれだけの出店応募があったのが嘘のようにどんどん出店数は減っていった。さらに出店数の減ってしまうプランBでの開催はできることならば回避したい。

出店者にはプランAでの開催意向を伝えつつ、「決行されたら困る人」もいる状況を考えているという胸の内を赤裸々に共有することにした。「今のところ昼までには雨は止む予報なので、【開催予定】です!･開始時間を少し遅らせて、通常のプラン〈晴れ〉バージョンレイアウトでの開催を検討しております」。

判断期限の前日16時まであと20分。nestの飯石、宮田と南池袋公園の「RACINES FARM TO PARK（ラシーヌ）」で外を願いながら見つめていると、雨は当初の予報より一層勢いを増して芝生に降り注いでいた。もしかして!･と小さな期待を胸に最新の天気予報を皆で覗き込むと、雨上がりの予想時刻が早まっていた。そこで、願いを込めて決断をして、出店者にアナウンスした。「朝9時頃には雨が止む予報となっているため、当初の予定通りの晴れバージョンのレイアウトで11時スタートで開催致します!」。それでも出店者の反応が気になった。

30分後、ある出店者から「たいへんな中での準備ありがとうございます!」というコメントが送られてきた。それがどれだけ心強かったか。ギリギリまで粘らずもっと早く決めてほしいと思っていた出店者もきっといたはずだ。結果的に「出てよかった」と思ってもらうしかない。

持込什器 2.5×2.5m程度　★ 消火器　● 電源ドラム　16 発電機（数字：W数、16=1600W）

●—16 電源ドラムと発電機の接続

屋台③ MUJIの貸出屋台　▲ グリーン大通り電源（1箇所1500w）

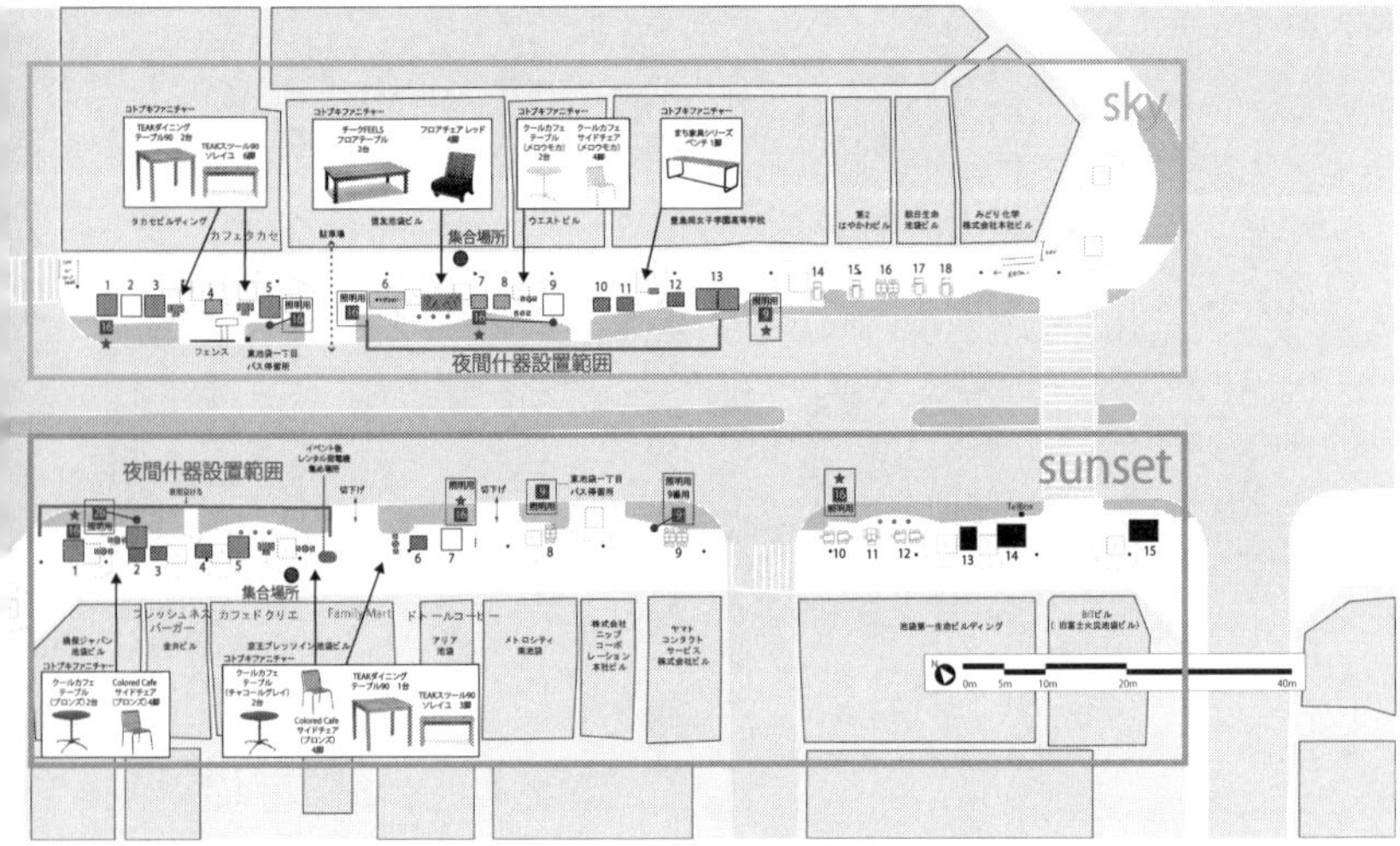

sky

※スツール＝MUJIのスタッキングスツール
（このエリアはオレンジ椅子使用なし）

1：流しの洋裁人
（テント×1、スツール×1、持込屋台）1000W
2：happah（持ち込み）
3：四畳半商店（テント×1、スツール×1）
4：はちすずめ菓子店（屋台×1、スツール×1）
5：株式会社東急ハンズ池袋店（テント×1）500W
6：アジアンごはんM３－iou（キッチンカー）
7：KAFFEE BICYCLE（屋台×1、スツール×1）1000W
8：Mon-Bateau（屋台×1、スツール×1）
9：Bears（長テーブル×2、テント持ち込み）500W
10：Kimipopo（屋台×1、スツール×1）
11：アトリエ鍛～たん～（屋台×1、スツール×1、丸テーブル×1）
12：atelier coquin アトリエ・コキャン
（屋台×1、スツール×1）
13：サンシャインシティ【17:00まで】
（テント×2、スツール×15、長テーブル×5、丸テーブル×2）
14：【もったいない工房】bluestar 長谷川由味子
（オーク1600テーブル×1、パインテーブル×1、スツール×6）
15：【もったいない工房】革の文具と手製本[&B]アンド・ビー
（オーク1600テーブル×1、パインテーブル×1、スツール×6）
16：【もったいない工房】ワークショップ支援チーム"つくるプロジェクト"
（パインテーブル×8、スツール×8）
17：【もったいない工房】高橋芙美子
（オーク1200テーブル×1、パインテーブル×1、スツール×5）
18：【もったいない工房】À la main -アラマン-
（オーク1600テーブル×1、パインテーブル×1、スツール×6）

forest

本部（屋台×1、椅子×3）
1：ALLUMETTE（屋台×1、椅子×1）
2：Hang（屋台×1、椅子×1、丸テーブル×1）
3：nee（屋台×1、椅子×1）
4：仁井田本家（屋台×1、椅子×1）1000W
5：おいもやさんmoimoi（キッチンカー）
6：アルゴンカレー（キッチンカー）
7：SNUG／shopi
（テント×1、椅子×4、長テーブル×2）
8：まつかひ をんな（屋台×1、椅子×1）
9：東京野菜普及協会＆東京ワイナリー
（テント×1、椅子×1）
10：もうひとつのdaidokoro
（屋台×1、椅子×1）1500W
11：Yanasegawa Market Handmaide Team
（屋台×1、椅子×1）
12：物語舎＆ソラハナ（屋台×1、椅子×1）
13：きまぐれブックストア（テント×1、椅子×1）
14：菓子工房 osanji time.
（テント×1、椅子×1）200W
15：猫と魔法のランプ（キッチンカー）
16：千十一編集室と木賃屋台たりなさ荘
（屋台×1、椅子×1、持ち込みリヤカー）120W
17：what's up?（屋台×1、椅子×1）1000W
18：ブランカ食堂（キッチンカー）

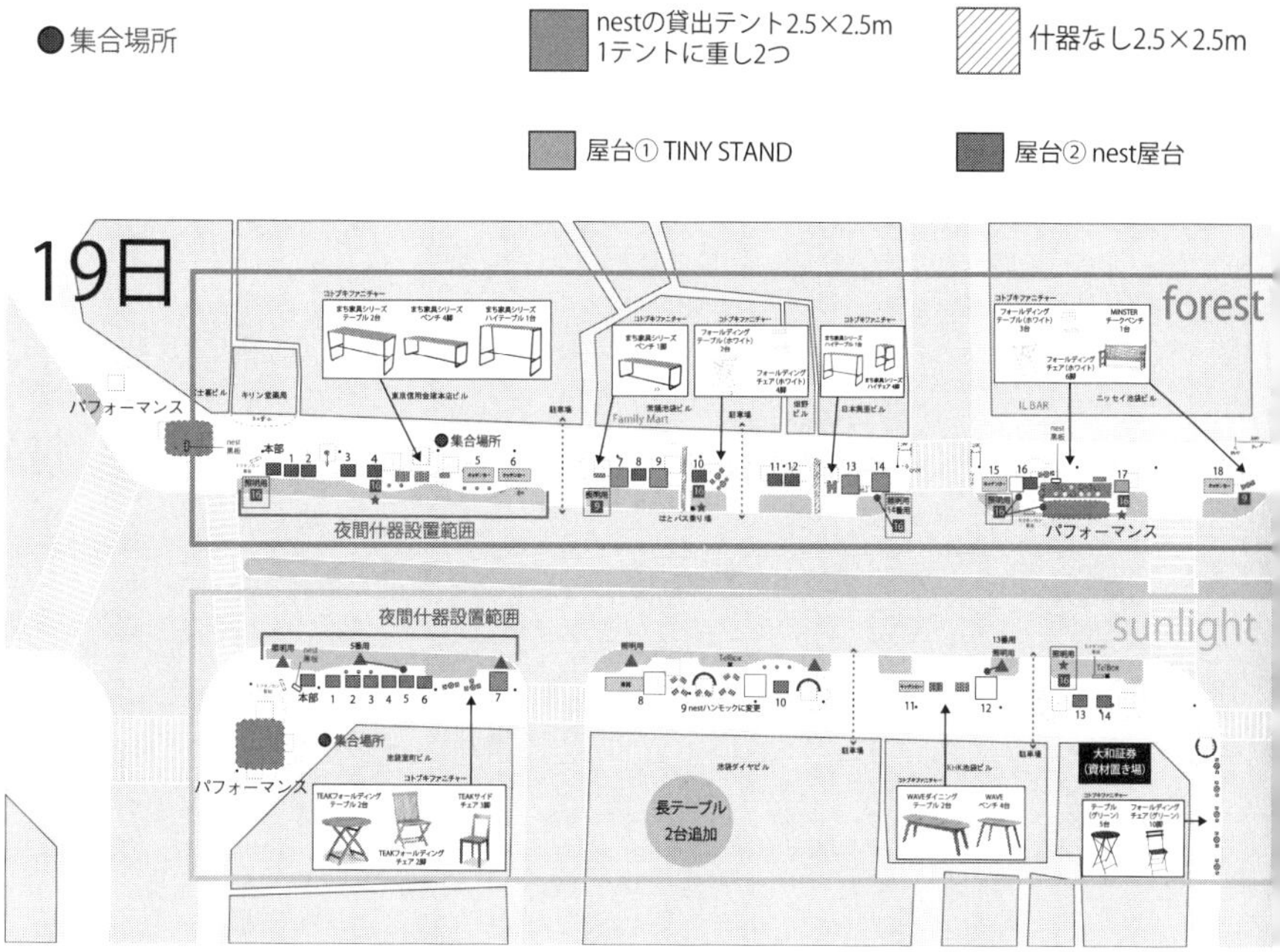

sunlight

本部（屋台×1、椅子×2）
1：make me me（屋台×1、椅子×1）
2：工房つちみ（屋台×1、椅子×1）
3：スナックヨーコ（屋台×1、椅子×1）
4：出張　星野製作所（麦）（屋台×1、椅子×1）
5：クランクビール（屋台×1、椅子×1）1300W
6：Sheenatown × SnarkLiquidworks（屋台×1、椅子×1）
7：Kitchen Shoku Bar Village（テント×1、椅子×1）
8：BOOK TRUCK（車両販売）
9：hammock style（持込）
１０：Bashi Burger Chance（屋台×1、椅子×1）
１１：服部園（キッチンカー）
１２：Osteria e Bar RecaD（テント持ち込み、長テーブル×2）1000W
１３：ナカタマサミ（オヒネリ２号）（屋台×1、椅子×1）
１４：Au coin favori（屋台×1、椅子×1）

sunset

1：Chef Koura（テント×1、椅子×1、長テーブル×1）1000W
2：OIMO cafe（テント×1、屋台×1、椅子×2）2000W
3：イサナブルーイング（屋台×1、椅子×1）
4：Beer++/十条すいけんブルワリー（屋台×1、椅子×1）
5：カンパイ！ブルーイング（テント×1、椅子×1）
6：アンドビール（屋台1×、椅子×1）
7：KF-Works株式会社（持ち込み）
8：【もったいない工房】さとう　まゆこ（パインテーブル×4、スツール×4）
9：【もったいない工房】wooden fur/hase（パインテーブル×8、スツール×8）7.5W
１０：【もったいない工房】カリモク（オーク1200テーブル×2、スツール×8）
１１：【もったいない工房】アートチームODEN（オーク1200テーブル×2、スツール×8）
１２：【もったいない工房】STUDIO FEVE（オーク1200テーブル×2、スツール×8）
１３：【無印良品池袋西武】白磁食器Ｂ品販売（持ち込み）
１４：【無印良品池袋西武】ＲｅＭＵＪＩ（持ち込み）
１５：ＮＦＭ野菜販売（持ち込み）

晴れバージョンのレイアウトプランA。雨バージョンのプランＢもつくった

苦境を乗り越えた先に見えた「本当に欲しい未来」

迎えた当日。朝はまだ雨が降っていて、屋台はずぶ濡れで、準備に集まったキャストたちと雑巾を買いに走り、出店者たちが揃う時にはすぐに始められるようにと急いで拭いて回る。雨雲レーダーではもうすぐ雨が切れるはずなのに、とやきもきしていると、小雨は霧雨になり、どうにか11時のスタート時には止んでくれた。ああ、これでやっと開催できる!!

その安心感を抱いたのも束の間、今度は次の不安に襲われる。雨は上がっても引き続き湿った曇り空で、外を歩きたいと思わせる空模様とは言いがたい。行き交う人はまばらで、天候を気にしてか、皆早足だ。冷え切った雰囲気のなか、せっかく出店してくれた人たちに申し訳なくて、僕はじっとしていられず出店者たちに「ありがとう」「お疲れさま!」「どう?大丈夫?」と声をかけて回った。

昼近くになり、ようやく薄日が差して空気が軽くなってきた。ふと見ると、キッチンカーの隣りに据えたベンチに外国人の女性が座って、広げた本を読みふけっている。ああ、そういえば前回のリビングループでも見た人のような。子供を自転車に乗せて遊びに来ていた、あの彼女だ。暴風雨でバサバサ落ちた木の葉や枝を片づけきれていない地面も、人気のなさも一向に気にしない様子で、マイペースにくつろいでいる。まるで家のサンルームにでもいるような姿だった。

僕は淡い木漏れ日を受けながら読書する彼女のことを、ぼおっと見続けてしまった。賑わい創出事業を担っている責任感から、荒天のことまでまるで自分の瑕疵のように背負い、賑わえていないない申し訳なさに焦っていた自分から一瞬心が遠のき、「そう、本当に欲しい未来はこれだったよな」と思った。外に出て楽しむことに必死になるのではなく、まるでリビングのようにまちに居る。そんな未来だ。目の前にいる彼女はリビングループを「イベント」としてではなく「暮らし」として自分に取り込んでいた。僕たちはこういう日常が欲しくて、ここまでやってきたのだ。「そうだよ、いいんだよ、これで」。僕は初めて自分自身に微笑むことができた。この静かな風景は、ばたついていた心を落ち着かせるために打たれたペグのようだった。

厳しい状況を乗り越えて来てくれた出店者たちもまた温かい落ち着きを見せていた。万全の開催状況ではないことに対する減点感よりも、開催できたことを淡々と喜んでくれる落ち着きがあった。これはきっと3年目の余裕だ。

雨上がりに、家のサンルームでくつろぐように読書をする女性

左／竹田から駆けつけてくれた「リカド」、右／子供たちに人気の「happah」

雑貨の店「happah」の磯江永子さんは、今回もいつもと変わらず楽しそうな装いの屋台を出店していた。彼女は２０１７年5月に開催した最初のネストマルシェから出店を続け、その時々のマルシェの様子を定点観測のように見続けてくれている。彼女の店には、センスのいい手づくりの雑貨を興味深く手にとる親子連れの姿が絶えない。子供たちは道でくるくると踊りながら磯江さんとおしゃべりをし、熱心に商品を選ぶお母さんを待つ。「リビングループは毎年子供たちが増えていて、子育てがしやすいまちになってきたね」と自分のことのように変化を喜んでくれるのは、豊島区で子育てをする彼女ならではの視点だ。

約束通り、駆けつけてくれた竹田の「リカド」の桑島孝彦くんは、リビングループのために、「屋台飯2・0をつくる！」とお客さんが食べ歩きする時に最も美味しいと感じる唐揚げを開発してくれていた。きちんとお客さんと向きあう店だから、お客さんも桑島くんたちに向きあう。「ありがとうございます！」と笑顔を交わしほくほくの唐揚げを抱えて幸せそうにグリーン大通りを歩くお客さんの姿を見て、「あれはどこで買えるんだ?」とリカドを探す人たちが現れるという魔力がある。

青豆ハウスのまめスクにも来てくれた、洋裁道具一式を持って全国各地で洋裁の実演を見せる流しの洋裁人・原田陽子さん（148頁参照）はネストマルシェとリビングループの常連だ。屋台に色とりどりの生地をずらりとかけて実演環境を整えていると、彼女のファンが訪れ、「久しぶりー」「元気だった?」という挨拶が聞こえる。彼女がいるから池袋に来る人と、池袋にいるから彼女と出会う人が交差し、交流温度の高いポイントが生まれるのは、モノを売るという行為以上に伝えたいことを持っている陽子さんの吸引力だろう。

リビングループの出店者たちと僕たちの間で育んできた共感は、厳しい局面でこそ生き生きと際立ってくる。吹いて飛ばされてしまうような絆ではないから、僕も読めない天候の時に「決行します」と言えるのだと思う。

それでもこの日は途中まで辛い状況が続いた。暴風雨明けで客足は伸びない。当然、各店舗の売上げも気になる。そんな時、「純さん」と声をかけてくる人がいた。「来たよー」とのどかな声を出して近寄ってくるのは、馴染みのある仲間たちだ。青豆ハウスの住人、としま会議のみんな、他にもあっちこっちから暴風雨明けで苦戦している僕たちを応援しに駆けつけてくれたのだ。なんてことだ、嬉しいじゃないか。僕は思わず彼らを抱きしめたくなった。本当はヘトヘトなのになんとか気持ちを奮い立たせてやっていたが、親しい彼らの顔を見ると腰から崩れてい

左／僕が席を外したトークセッションでは子供が提案していた
右／多幸感溢れるブラスバンドの演奏

くような安堵感を覚えた。彼らは明るく「なによー、大丈夫なの?」「こっからこっから!」と激励を飛ばしてくれる。「純さん、悲壮感があるよ?」と笑われて、思わず僕も笑ってしまい、ふと気がついた。このファミリアな関係に支えられて僕は生きている。パブリックは、突然できるもんじゃない。自分の足元から一歩、一歩、積み上げていくものなんだ。

実はこの日、僕は日中の数時間、リビングループを離れていた。恒例になっていたトークセッションにも出席せず、信頼する仲間たちにその場を任せた。必死さが出ている自分がこの場にいることが、本当にいいことなのかわからなくなったからだ。きっと僕のそうした雰囲気を察知する人もいて、よからぬ気持ちになるだろうと想像もできた。あまりにも当事者意識が強くなってしまったことで、フラットな眼差しでリビングループを見られなくなっている気がしていた。まちにとって何が大事なのか。そのために僕たちがすべきことは何か。ぶれずに進んできたと思っていたけれど、その頑なさによって自分の目にバイアスがかかっているとしたら、ある程度身を引いた方が自分の欲しい未来に近づけるかもしれない。

たとえば子供を育てる時、親がよかれと思うことを一方的に与えるだけではうまくいかないことがある。手を放し、目を離さない。その方がうまくいくタイミングがある。それをふと思い出した。自分の中の固定化した視点から脱して、大きな流れの中でリビンググループを俯瞰するために、会期中のど真ん中から身を外す。みんなの中にいるよりもきつい気持ちになったけれど、必要な作業だったと思う。

夕方会場に戻ると、グリーン大通りにブラスバンドが現れた。少しずつまちに人が増えてきて、朝の雨のことなど忘れたような呑気な音色に人だかりもできていた。きっとみんな、雨で外に出られなかった分だけこれから夜まで外で楽しもうと思ったんだろう。トランペットの音色は「明日はいい日になるよ」と言っているようだった。音楽の力はすごい。また明日もがんばろうと思わせてくれるのだから。この夕暮れのブラバンの風景を僕はずっと忘れない。

3年目につかんだ手ごたえ

3日目の20日、ようやくしっかり朝から晴れた。最終日にして初日のように嬉しい日曜日だ。

が け崩れで不通だった中央道が早朝に開通するやいなや、山梨から大木貴之さんが駆けつけてくれた。台風できっと自分たちの持ち場も大変だっただろうに約束通り来てくれたことがありがたくて、「ありがとう、今日は楽しもうぜ！」と肩を組むと「なんとしても来るって言っただろ！」と飛び切りの笑顔が青空の下で弾けた。

風雨さえなければ10月は最高の気候だ。グリーン大通りから南池袋公園までリビンググループを楽しむ人たちで溢れていた。家族で、カップルで、1人で、みんな自分のペースで暮らしを楽しんでいる。そしてとてもオシャレだ。自分の好きなセンスの服を楽しそうに身に着けている人たちが池袋に増えている。来ている人たちのライフスタイルとリビンググループのテイストがすっと馴染んできたなと思えたのはこの時が初めてだった。

ふと、リビンググループが始まった年に僕たちを受け入れてくださった、雑司が谷で活動する手創り市の方々のことを考えた。長らく手創り市を続けるなかで時間をかけて丁寧につくりあげてきたものがあっただろう。そこに新参者として現れたのが、リビンググループだ。「新しい未来をつくります！」と息巻いてやってきた僕たちは、悪気はなくとも手創り市の培ってきた歴史に土足で踏み込んできたように見えたのではないか。当時の僕たちには彼らの心に思いを致す想像力が欠けていたけれど、今はわかる。そして、そんな青いリビンググループが元気よくお願いしたジョイン希望を受け入れてくださった手創り市の懐の深さに、今更ながら頭の下がる思いがした。一つのことを長く続けなければ見えない風景があることを改めて感じた。

上／山梨から笑顔で駆けつくれてくれた大木貴之さん（左）とnestの馬場正尊さん（右）
中左／花が買えるストリートを育ててくれた「メイクミイミイ」の山田裕加さん
中右／花を片手にリビングループを楽しむ高村しょうこさん
下／リビングループがライフスタイルに馴染んできたと感じた、親子たちの姿

ネストマルシェの時も、リビングループの時も必ず来てくれる人がいる。グリーン大通りに店を構えて90年という「紙のたかむら」のおばあちゃんだ。彼女のお目当ての屋台は「メイクミイミイ」という花屋さん。選んだ花を手にして嬉しそうな彼女は「花が買えるって、いいわねえ」と言い、僕の方を向いて「あなたはまちの後輩ね。こういうの、またやってね。ずっと続けてね」と言う。彼女の暮らしの楽しみをつくっているというだけで嬉しくなり、リビングループを続けたいという気持ちが膨らむと同時に身を引き締める。

天候によって振り回されたリビングループだったが、結果的に前年の売上げを上回る成果を残すことができた。出店者に厳しい思いをさせなかったことは何よりの救いだった。もし3日とも晴れていたらもっと飛べていただろう。その手ごたえを握りしめながら、実は僕は複雑な感慨を抱いていた。

このまま終わらせるなんてできない

実は、この日に最終日を迎えたのは、リビングループだけではなかった。「グリーン大通り等における賑わい創出事業」の契約期間は2017年からの3年間。つまり、これで委託事業としてのリビングループは事実上終わるわけだ。

前週に台風が発生し暴風雨に見舞われたこの年、それでもリビングループをしっかりとやり遂げたかったのは3年間の集大成の年だったからだ。そして翌年、僕たちがこの事業を続けられる根拠はどこにもなかった。もしリビングループがこのまま立ち消えてしまったら、「まちをリビングに」という目標には遠く及ばず、打ち上げ花火をぶち上げただけのイベント屋さんとして終わってしまう。

その可能性も充分にあるという危機感や焦りのなか、地域の暮らしを変えるために続けてきたリビングループの風景をまちの人たちの胸に少しでも残しておきたいという思いが強かった。もちろん、同じ形式にこだわらなければ、賑わい創出事業を受託せずともリビングループを開催することはできるかもしれない。区の後ろ盾がない分ハードルは上がるが自由でもある。ただ、官民が連携するからこそ、グリーン大通りといった公共空間のハードの再整備にまでつながったわけだし、未来に向けた持続的な取り組みが可能になるのだ。

一方で、この事業が一区切りされるかもしれないという空気も察していた。当時の豊島区は百年に一度の大改革と言われる公共投資が相次いでいた。一定の成果が見え始めた事業から新たな事業に限られたリソースを振り替えたいと考えれば、この事業の再公募は行われないかもしれない。また、再公募が行われても同じ事業者が再受託する可能性は全国的に見ても決して高くない。世の中には僕たちよりもずっと大きくて有名な企業があり、世間が振り向くキラー

リビングループを支えるキャストたち

コンテンツを持っていたりもする。区が今後そうした企業と改めて手を組む可能性は、十分にありえる。そうなると、リビングループはこの土地に根を張ることはできない。

リビングループの終了後、運営をともにサポートしてくれたキャストたちとの打ち上げの席で、僕は「リビングループはこれで最後かもしれない」と伝えた。次はもっとこうしたいねと未来の話で盛り上がるみんなには本当に申し訳なかったが、僕たちだけで抱えるべき事実ではないと判断したからだ。ひとしきり驚きにつつまれた後、みんな少しずつ上を向きだした。こんなことで終わらせてしまう僕たちじゃないはずだ、だってここまでやってきた経験も知見も自分たちの中にしっかり残っている。「絶対次をやろうよ！」と決意と結束を新たにし、泣き笑いながら肩を組んだ。

7 池袋のまちが変わり始めた

圧倒的な地域の当事者が手を組む

その後、僕たちはこの窮地を脱することができた。

2019年のリビンググループの最中に、出店者や関係者の声をビデオで収録したものを記録の一つとしてまとめ、さまざまなメディアで発信した。リビンググループは豊島区の暮らしの一部になっていること。それは少しずつみんなでつくりあげてきたものだということ。ここにしかない未来がとても楽しみで暮らし続けたいと思っている人たちがたくさんいること。映像と言葉で綴られたこの動画はとても長くなった。熱い想いを語る1人1人の時間を切り詰めたくなかったからだ。そしてそこには、企画運営者である僕たちの存在を軽やかに越え、自分のつくってきたものを自分の言葉で語る人たちの強さがあった。僕たちだけでは行き詰まってしまう壁を、仲間全員の意志を合わせれば突破できるかもしれない。そう考えてつくったリビンググループからのラストラブレターだった。

この記録を見た関係者の何人かは「あなた方はこの取り組みを続けるべきだ」と言ってくれ

YouTubeで公開されている記録動画。左／原田陽子さん、右／東郷真ノ助くん

た。この動きは止めるべきではない、続けてほしい、続ける立場が失われないようにするべきだ、と。

　この記録がどんな効果があったかはわからない。それでも僕たちの思いは通じたようだった。後日、「グリーン大通り等における賑わい創出事業」の再公募が豊島区より行われたのだ。僕たちは2020年に向けて動きだした。手を伸ばして掴んだ先にこそ未来があるのだと思いながら。

「圧倒的な地域の当事者が手を組むことで強い未来を描いていこう」

　その言葉とともに僕らがこの事業に関わるきっかけをつくってくれたグリップセカンド、この事業を3年間ともに育ててくれた良品計画に加えて、リビンググループの1出店者として関わってくれていたサンシャインシティが僕らの事業そのものに加わってくれることになり、4輪のタイヤとなってリビンググループが日常となる未来に進んでいく体制がようやく整った。

　4社で事業の公募に挑むことになり、各社経営者や関係者を集めて決起集会を行った。その場で語りあったのは、豊島区の未来

4社の共同企業体の体制図

事業採択後のリビングループで高野之夫・豊島区長（当時）と4社の代表でトークセッション。左からnestの青木、馬場正尊さん、高野区長、サンシャインシティの合場直人社長、良品計画の金井政明会長、グリップセカンドの金子信也社長

だった。サンシャインシティの合場直人社長と良品計画の金井政明会長が顔をあわせるのもこの決起集会が初めてであり、慎重に始まった会のムードが一気に高揚したのは、「暮らす人たちが欲しい未来をつくるために協同組合のようにお金を出しあって、自立した地域をつくる」という未来への想いを話していた時だった。以前から金井さんは「感じいい暮らしを提案して地域の役に立つ。高齢化社会の日本で、この池袋から歳をとっても幸せに暮らせるまちにしたいよね」としみじみと話していた。自分の未来は自分でつくる。それが可能な場所では、人は歳をとることをポジティブに考えられるようになる。僕たちは、そんな地域がつくりたい。

コロナ禍のリビンググループオンライン

3年目のリビンググループを終えた翌2020年、新型コロナウイルス感染拡大よって、予定という予定が中止となった。こんな日常がやってくるとは思ってもいなかった。

それでも次年度の事業者募集があり、僕たちは新体制としてサンシャインシティ、良品計画、グリップセカンド、nestの4社の合同で応募することになった。こんなに贅沢で盤石な体制はない、通らないはずはない、と見えるかもしれないが、僕はいちから出直しの気分だった。行政はこの募集を、新事業者を積極的に検討するチャンスとして捉えていたはずなので、3年間の実績で楽観していられる状況ではなかったのだ。ならばきちんと実力で選んでもらおうと、4月下旬に設定されていたヒアリングに向けて気合を入れて準備を重ねた。そのまま実施できる密度で事業計画を立て、過去のエビデンスから地域への効果予測も立て、豊島区の未来につながる今をつくるのだと心を砕いた。選ばれたらすぐに動きだせるようにと爪先立っていた。

ところが、緊急事態宣言中に設定されていたヒアリングは延期され、採択されるかどうか結果がわからないまま宙ぶらりんの状態が続くことになった。何より、感染拡大防止を最優先させ人が集うことを禁じられているさなかで、マルシェやリビングループを開催することを考えることすら不謹慎ではないかという思いもあった。

外出が制限されるなかでともに取り組んできた出店者の皆さんも苦しい状況が続いた。一方、出かけることのできないまちの住人たちにも鬱積がたまっていた。

そうしたまちの人々の思いをつなぎとめるために、自分たちが今できることをしよう。直感的にそう思った僕たちは、まだ次の事業者として採択されていなかった5月に「池袋リビングループオンライン」を立ち上げた。この頃はまだこうしたオンラインでの取り組みは珍しかったので参考になる雛形がなく、予算をつける算段さえもなかったが、何より早く届けることに価値があると考えて見切り発車的に動きだした。ちなみにこの時の経費は、後にクラウドファンディングで募り、理念に共感してくれる多くの賛同者を得ることができた。

上／偶然の出会いがあるマルシェの楽しさを味わってほしくて突貫リリースした「池袋リビングループオンライン」のサイト
下／2020年5月30日にYouTubeで配信したオンラインイベントは2022年末の時点で1400超の再生数

リビングループオンラインは、散歩をするように買い物ができるサイトとしてつくられた。出店者が1列に並び、クリックすると店舗情報が立ち上がった。そこから出店者のホームページやオンラインストアへも飛べるので、気になった店でふらっと買い物ができる。リリース直後の5月30日にはYouTubeでオンラインイベント「池袋リビングループオンライン」を配信。10時から6時間にわたって出店者や関係者、まちの人たちとのトークセッションなどを試みた。同時に出店者たちはそれぞれのインスタグラムのアカウントからライブ配信で商品を紹介。視聴者が興味を持った店でネットショッピングを楽しめば、まち歩きのワクワクが蘇る。

外出自粛によりオンラインストアでの買い物が常態化するなかで「目的を持った買い物」しかしていない日々に、いよいよ僕たちは飽きていた。コロナ禍の状況でもマルシェのある日常を諦めたくない、出会う喜びを失いたくないという僕たちの思いに賛同してくれる人たちは想像していた以上に多く、たくさん視聴された。

毎月配信のコンテンツ制作でチームビルディング

5月から始めたリビングループオンラインは、9月まで続けた。6月下旬、当初予定より2カ

左／飯石藍が担当した「トゥー ゴー イケブクロ」ではテイクアウトを扱う飲食店を紹介
右／宮田サラが担当した「イケブクロ　ウォーク」では南池袋で営業中の飲食店を練り歩き紹介

月遅れて「グリーン大通り等における賑わい創出事業」の事業者として選定されたが、リアルに事業を展開するのは準備期間を考えると秋以降となる。その間を埋めるように配信を続けるなか、感染状況の動向やまちの変化に合わせて、月を追うごとに内容は進化していった。

nestのメンバーは、今まで育んできた関係性を大切にしながら配信番組を受け持った。飯石藍はテイクアウトをしている池袋界隈の飲食店を紹介するインスタグラムページ「トゥー ゴー イケブクロ」の発起人メンバーとして、近所に暮らす女性2人とともにテイクアウト飯を集めたり、実際にまちを歩いて「おいしいご飯とすてきな店主を紹介する」というライブ配信を展開。宮田サラも「イケブクロ　ウォーク」と題して、グリーン大通り、南池袋公園、その周辺の南池袋パーク商店街や東通り商店街を練り歩き、営業を再開したばかりのカフェやレストランの状況や店主を紹介しながらレポートした。

一度目の緊急事態宣言の影響が色濃く残り、まだまだステイホームが続くなか、まちに出向き、人と出会い、自ら体験することの楽しさや温かさをじんわり呼び覚ます。がんばる人々の様子を彼女たちなりの柔らかい視点で伝えてくれた。

また、4社のメンバーとも自分たちの考えを視聴者に伝えようとクロストークを重ねていった。その様子は公開企画会議のようであり、チームとして議論を重ねて描いてきた妄想が、関係者が増えていくことで具体的な輪郭を帯び、実際の取り組みとして実現していくプロセスを広く共有できたことは、偶然の産物とはいえ、とても有意義だった。

夏前には南池袋公園の「ラシーヌ」前で池袋近郊の野菜を販売したり、食品ロスをなくすために売りにくいB品の食材を使った料理を「ラシーヌ」で販売するというコラボ中継も展開した。とりわけ盛り上がったのは、サンシャイン水族館からの配信だった。休館中だった水族館からカワウソの中継があった時には大きな反響があった。また、リビンググループでいつも活躍してくれるスーパーけん玉キッズ、東郷真ノ助くんがアシカショーでアシカと共演した様子も圧巻だった。こうして感染者数が少ない時期にはリアルイベントとの掛け合わせができ、ライブ配信独特の楽しみを発見するというおまけもついてきた。

ただ、だんだん世の中に配信イベントが溢れかえるようになり、リビンググループオンラインの視聴数は目に見えて減っていった。オンラインコンテンツを今までにない頻度で小刻みに発信し続けることでリアルイベントであるリビンググループの価値を落としてしまわないか、と悩んだこともあった。それでも毎月配信を止めなかったのは、出店者やキャストたちとこうした時間を共有するなかでチームビルディングができるという裏目的があったからだ。

毎月のマルシェが開催できなかった2020年は、10月3日間と11月4日間、合計7日間のリビングループを企画していた。これにベストな状態で臨むために、できることはすべてやろうと思っていた。

大々的な広告展開と伸び悩む出店応募

コロナ禍でスケジュールが決まらず不透明な事態が続くことは、もはや当たり前の状況だった。実際に2020年にリビングループを開催する際も同様だった。

先に述べた通り、「グリーン大通り等における賑わい創出事業」の再公募の事業者として採択をされたのは6月下旬。契約期間は2020年9月4日〜2021年2月28日で、契約期間開始後に広報を始めてほしいという行政の意向があった。ただ、10月に予定しているリビングループの出店者募集を9月に行っていたのでは現実的には立ち行かない。そこで、関係者への理解と了解を取り付けた上で契約期間前ではあるが8月頭に一般広報を打つことができた。やれやれ、出店者募集に漕ぎつけるのも一苦労だ。

池袋のまちなかに「新しい日常を育もう」というコピーが周辺事業者の共同声明のように発信された。西武百貨店の懸垂幕（上左）、サンシャインシティのサイネージ（上右）、無印良品店内（下左）や東京メトロ池袋駅構内に貼られたポスター（下右）

ところが、サッパリ出店応募がこない。コロナの波がいつくるかわからないのと、わざわざ地方から東京に来て出店するという感染リスクを考えると、たしかに消極的にもなるだろう。2019年の活況具合から、出店者が集まらないという悩みからはもう解放されたと思っていたが、つくづく甘い。社会情勢によって状況はころっと変わってしまう。

その後は9月末まで出店者の二次募集を続けた。僕はその間、前述した「池袋経済圏」に立脚する沿線の人たちのところに足を運んで話を聞き、つくっているものを食べ、ぜひリビンググループに出てほしいと、1人1人を口説いていった。池袋に心を寄せてほしいというより、池袋から彼らに心を寄せていく。ターミナルとしての池袋ができることは、自分たちの土地に根を張って生産をする彼らを全力でサポートし、彼らの商品をより多くの人々に届ける出口として利用してもらうことだと考えたからだ。実際にそのなかの数店舗はリビングループの趣旨を理解し、出店を決めてくれた。

出店者募集には往生したが、2020年から4社合同の企画運営となったことで大々的な広告宣伝が打てることになった。西武百貨店やサンシャインシティの入口にはデジタルサイネージでリビングループの宣伝が堂々と（以前のようにサブリミナル的な広告ではなく！）流され続け、西武百貨店の壁面の垂れ幕のど真ん中にリビングループの文字が躍った。まちなかの飲食店や商業施設だけでなく、池袋駅構内の改札付近や沿線の各駅にもポスターが貼られるなど、池袋駅を中心に広範囲にリビングループの告知が行き渡った。

nestだけではなんともならなかったことが、4社が力をあわせると動きだしていく。こんなに心強い、味方の多い状況ができたことを、歯を食いしばって孤軍奮闘していた数年前の自分に教えてやりたいと思った。

都の事業に採択され、注目度が高まる

コロナ感染拡大の第3波が来ませんようにと祈りながら迎えた2020年のリビングループ初日の10月30日。東京都の小池百合子都知事が定例記者会見で「パーク・ストリート東京」政策の概要とそのこけら落としとなる第一弾が今日から池袋で「池袋リビングループ」として開催されると発表した。連日の感染者数の報告の後で、未来を照らす一筋の希望の光のように伝わった。

東京都は、東京オリンピック・パラリンピック2020に向けて都心部の屋外の魅力をもっと引き出していこうと、道路空間を活用して人が歩いて楽しむまちをつくる「車から人へ」という構想を立てていた。リビングループはその趣旨に沿った取り組みであるということで、東京都の取り組みの一環として採択され、高い注目度を集めた。

視察に来られる東京都の関係者を案内していると、8カ月ぶりにリアルイベントを行うグリーン大通り、南池袋公園で、出店者同士がまるで久しぶりに会った友達のように親し気に会話をする様子が次々と目に入ってきた。オンラインイベント時にできた出店者同士の絆がリアルのリビングループにそのまま表れて、会場の親密さが一段と増していた。

単純にハードの設えを変えればよい場がができるわけではない。人間らしい温かいコミュニケーションが存在してこそ、東京都がこの事業を通じて発信したい新しい東京の風景が実現できるのではないか。長い時間をかけて熟成してきたリビングループという場のありようが、そ

待ち焦がれたリアルな体験に心が踊り、リアルなコミュニケーションに心が満たされるシーンが溢れていた。左／「MIA MIA TOKYO」のヴォーン・アリソン、右／マスクをして間隔をあけてのヨガ

のことを体現していた。

この年のリビングループは初めて、雨に見舞われなかった。感染拡大がいつ起こるかとハラハラしていたが、この時期は比較的落ち着いていた。1クール目の10月30日〜11月2日の3日間は「天候に左右されないとこんなに穏やかに過ごせるのか」と驚き、暑くも寒くもない秋空の下で幸せを噛みしめた。

ただ、いつも何かが起きるのがリビングループだ。2クール目の11月20日〜11月23日の4日間はとんでもない大風に見舞われたのだ。屋台に並べた小物、路面に置かれたA型看板、それどころか屋台そのものまで吹き飛ばされるほどの強風である。雨の苦労は身に沁みていたが、風の方が大変かもしれない。商品が飛んでいかないよう常に押さえていなければならず、飛んだものがお客さんに当たって事故が起きないかとハラハラし、スタッフ総出で現場の風対応にあたった。

本当に神様は次々と試練を与えてくれるよな。でもそんなことでびくつく僕たちじゃ、もうないんだよ。「この風はコロナも吹き飛ばすな。コロナを心配しないでいいリビングループ、最高だよ」と強がると、みんなの顔がぱっと華やいだ。「飛沫も一瞬で消え去るね！」「こんな安全なリビングループないわ！」と風で軋む屋台を押さえながら笑う。どうせ大変なら、風を味方につける方がいい。コロナ禍での開催はそれでなくても神経を使い、何事も起きないようにと万全を期して臨んでいたわけで、感染防止対策的には何もかも吹き飛ばしてくれるこんな強烈な換気は味方でしかない。

コロナ禍を経て深化したリビングループ

開催4年目でコロナ禍に突入し、人々は集わず密を避けて暮らすことが常態化するなか、リビングループは失われた日常を取り戻す時間となった。これまでは駅に近い出店場所ほど優位だと思われていたが、今回はどうも様子が違った。むしろ不利だったはずの駅から遠い場所でぐんぐん売れ行きが伸びていた。駅から遠い方が混雑しなくて安全だと思われたのだろうが、よく見ていると、人の流れが以前と異なり、まちの奥の住宅地の方から染み出てくるように人々

駅と反対側からどんどんやってくるベビーカー。駅から遠い場所が親子連れで賑わった

が訪れている。きっと長い自粛生活も影響しているのだろう。外出を控えるように、店には複数人で入らないように、と制約の多い日常を送るなか、オープンエアの店で対面で買うという行為自体はいつにも増して心躍る。ぶらぶら歩いて、出店者と話をしながら買い物をしたり、「美味しかった」と商品の感想を伝えられる喜びは大きい。

そして出店者たちも、この年のリビングループで起きている変化を感じていた。「今回、お客さんが〝買いに〟来てくれているんです」。たとえば宝塚から来てくれているハンドメイドの革小物店「ビフォーダーク」は、商品の単価は決して安くない。路上でこんな値段のものが売れる?と思いきや、店を覗く人たちは冷やかしではなく、次々と買っていく。彼らは金曜（夕方から）と土曜（終日）で40万円以上を売り上げた。

また、姉妹で切り盛りしている東池袋の人気店「ソロル」は、開店と同時に長蛇の列ができる。彼女たちが心をこめてつくるランチボックスとスイーツは飛ぶように売れ、あっという間に品切れとなって慌てて店に戻って商品をつくって運んでいた。条件のよくない場所に出店しているし、密な状況をつくってはいけないと告知を控えたりもしていたが、「これは美味しい」と知っている人たちはそんなハードルをたやすく超えてくる。

リビングループで売っているものはいいもの。

お金を使いに来る価値のある場所。

そんなイメージが定着していることが各店舗の売上げから見てとれた。訪れる人々は、宝探しをするように楽しんでくれているのだと感じた。

売上げがすべてではないが、新しいステージに到達できた気がした。始めたばかりの頃は日販の店舗平均が2万8千円。2年目、3年目は3万7千円と一段回上がって、4年目の今回は5万1千円だ。飲食だけに限っていえば平均6万円台にのぼり、10万円以上を売り上げた店舗も連日複数存在した。

売上げが上がると出店者はさらにクリエイティブになっていく。10月に出店してくれた福島の日本酒の蔵元「仁井田本家」と埼玉・加須の魚屋「魚進鮮魚店」が意気投合して、セイコガニを日本酒で蒸して販売していた。勝手にコラボしてお互いの商品の魅力を引き出しあっている様子は、なかなか他では見られない。そして、出店者同士が紹介しあうとお客さんの心により届き、とても売れ行きがよかったようだ。

他のマルシェと違うのは、「出店者が安心していること」だと、いろいろな地域で出店をする

上／ハンドメイドの革小物店「ビフォーダーク」(左)、行列が並び一瞬で完売した「ソロル」(右)
中／隣同士になった縁で「仁井田本家」と「魚進鮮魚店」が商品をコラボ
下／「ブックトラック」の店番をするキャスト(左)、パパになって祝福される店主の三田修平さん(右)

人から感想をもらった。ずっと出店し続けている人たちの間で絆ができ、それがリビンググループの雰囲気を底上げしているのかもしれない。初回からずっと出店している移動本屋「ブックトラック」店主の三田修平さんは、リビンググループ中に奥さんが出産をした。「すみません、そろそろ生まれるらしいんで、ちょっと抜けてもいいですか?」と恐る恐る申し出があったので、店番はキャストが代わり、「行ってらっしゃい!ここは大丈夫だから」とみんなで送りだした。ほどなく彼から「生まれました!」と赤ちゃんの写真が届き、しばらくするとリビンググループに戻ってきた。「おめでとう!!」と花束を手渡して迎えると、三田さんはくしゃくしゃの笑顔で「リビンググループなら子供が生まれても大丈夫かなって」と出産に立ち会えた喜びを噛みしめていた。ちなみに出店者アンケートで、キャストの対応への満足度が100%であることも、リビンググループの強みだと思う。

池袋の人々の基礎体力がついてきた

そんなリビンググループの雰囲気はこのまちの店にも伝播する。グリーン大通りの1階に店を構える「もつ鍋帝王」というもつを肴に飲む居酒屋があった(現在はビルの建て替えで閉店)。

外席を出してお客さんと談笑する「もつ鍋帝王」のご主人

ここの大将が、リビングループが始まるとひょいっと店の椅子を外に出す。まるで自分たちもリビングループに参加しているかのように外飲み席をつくっているのだ。大将と目が合うと「よっ!俺らも一緒にやってってっから!」とにやりと笑う。ネットでリビングループ出店者募集を見ることなどなく、自分の商売をこの地で続ける彼が、率先して相乗りしてくる。彼の店は満員御礼となり、活気のあるまちと店に大将も嬉しそうだ。地元が喜んでくれる姿は、何にも代えがたい。

こうしてリビングループは、まちなかのリビングをみんなで分かちあっている状態になっていった。これは、池袋に暮らす人たちが過ごし方の「基礎体力」をつけてきたからだと、僕たちは思っている。どんな状況でも逞しく、自分たちなりに楽しむ。それは外から与えられた環境によるものだけではない。時間をかけて自ら楽しむ力をつけてきた人たちこそが、より幸せに暮らせるのだとも言える。

リビングループを楽しむ人々の顔を見ていると、会話をするたび目がにっこり笑っている。マスクをしていても笑顔は伝わるのだ。たしかにコロナ禍は大変なことばかりが続いた。でも、

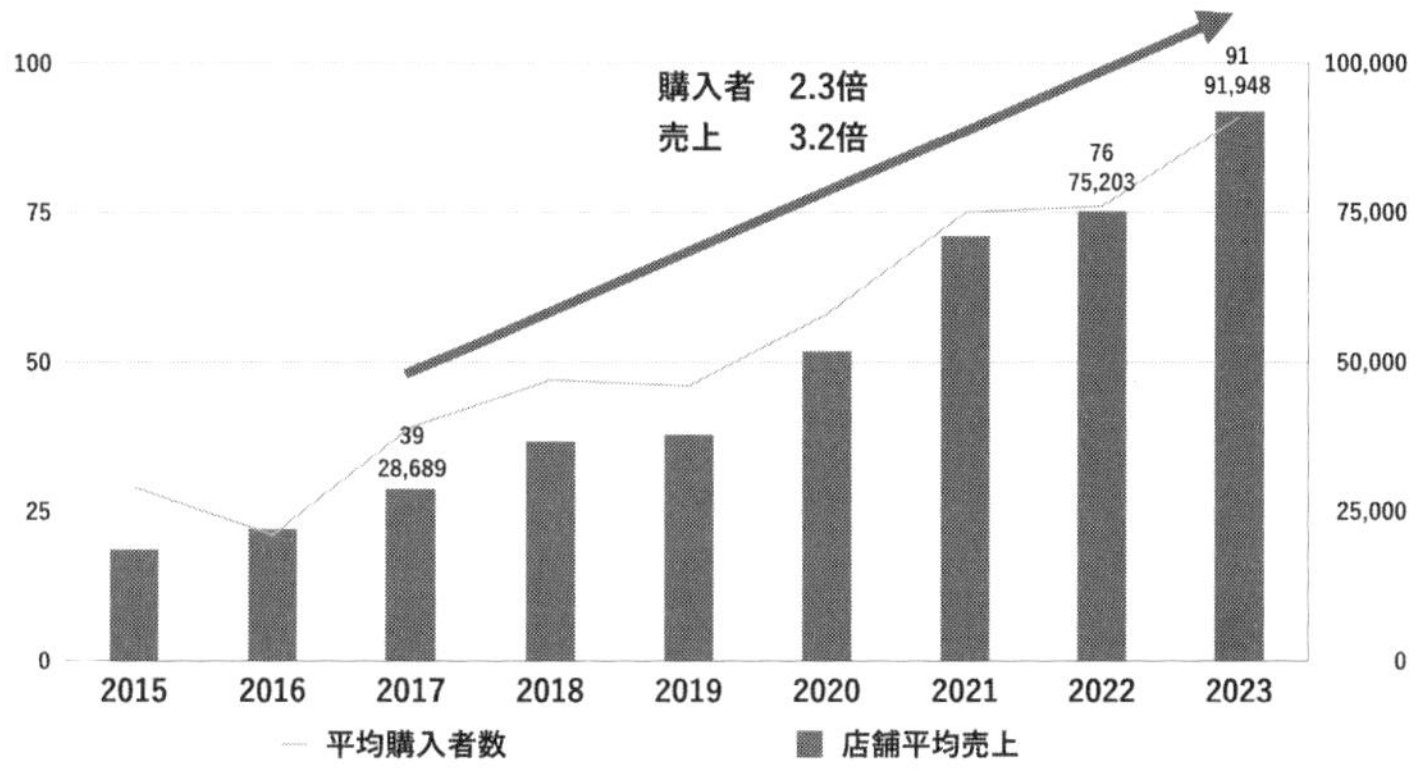

グリーン大通りでの出店店舗の平均売上げ・平均購入者数
（出典：2015年・2016年は豊島区都市計画課調べの社会実験等の平均値、2017年以降は池袋リビンググループにおけるスペシャルマーケット開催期間の平均値）

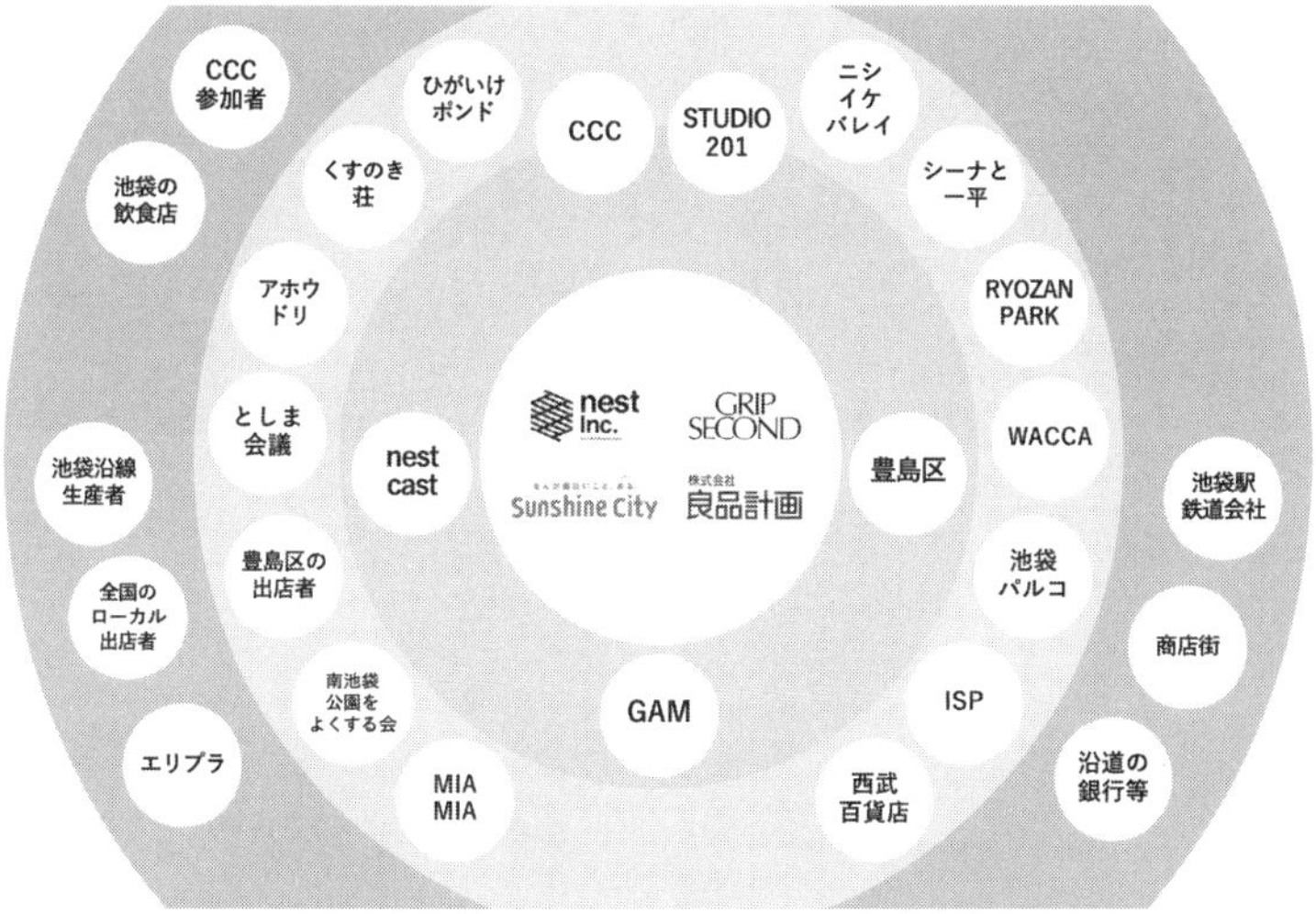

リビンググループを支えるステークホルダー

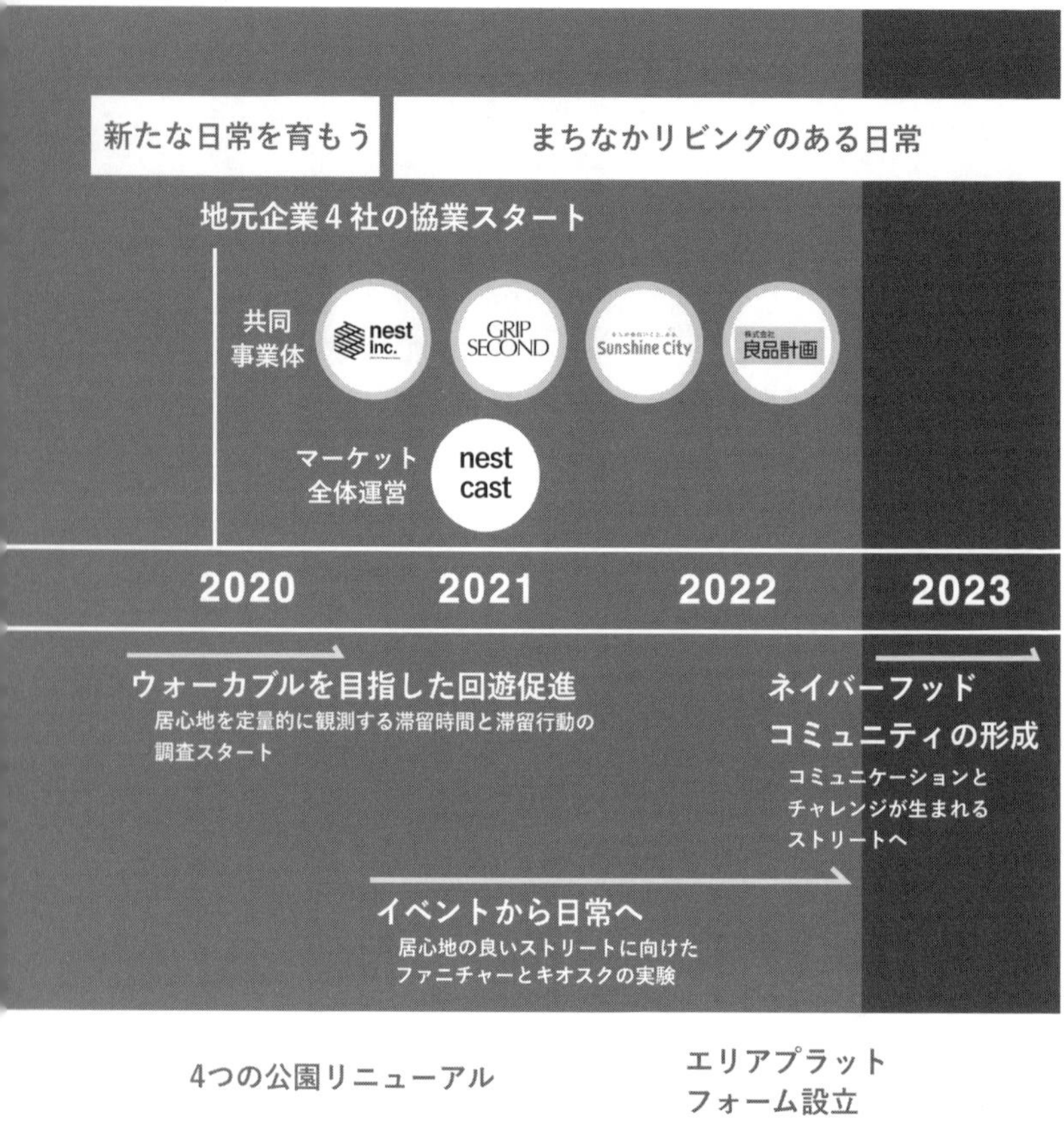

新たな日常を育もう
まちなかリビングのある日常
地元企業４社の協業スタート
共同
事業体
nest inc.
GRIP SECOND
Sunshine City
株式会社 良品計画
マーケット
全体運営
nest cast
2020
2021
2022
2023
ウォーカブルを目指した回遊促進
居心地を定量的に観測する滞留時間と滞留行動の
調査スタート
ネイバーフッド
コミュニティの形成
コミュニケーションと
チャレンジが生まれる
ストリートへ
イベントから日常へ
居心地の良いストリートに向けた
ファニチャーとキオスクの実験
4つの公園リニューアル
エリアプラット
フォーム設立

HISTORY　#まちなかリビング
理想の日常
都市を市民のリビングへ
まちなかで出会う
おいしい、楽しい、くつろぎの時間。
官民連携事業スタート
株式会社nest設立
豊島区の「グリーン大通り等における賑わい創出事業」受託
企画
nest Inc.
株式会社良品計画
マルシェ当日運営
nest cast
2016
2017
2018
2019
期待値・認知向上
居場所づくり、まちなか回遊
ローカルとの連携
マーケットスタート
安全性と前例の積み重ねにより、ストリートの規制を緩和
賑わいや居心地の良さの常態化
使い方の実験をグリーン大通りの再整備へ
店舗設置に向けた社会実験
グリーン大通り国家戦略特区認定
南池袋公園リニューアルオープン
国家戦略特区の項目追加
常設店舗・ファニチャー設置が可能に

リビングループのプロセス

多くの気づきももらった。賑わうこと自体が封じ込まれた時、「無理せず、気負わず、楽しもう」という雰囲気がリビンググループに生まれた。そう、それは青豆ハウスの家訓でもある。パブリックのつくり方は、大きくても小さくても同じだ。本当に自分らしく生きられる場所をつくること。僕たちは、その原点に戻りつつある。

8 日常づくりは、非日常づくりより難しい

キッチンカーの社会実験から、日常の風景をつくる

イベントという形で開催し続けていたリビンググループとは別に、この風景を日常にするために試みてきたことがある。「ストリートダイニングウィーク」と題したキッチンカーの社会実験だ。nestが提案をし、区が賛同して実施に踏みきった。イベントに依存せずともリビングのように過ごせる道路空間をつくるという目的で、2018年9月に12日間、12月に10日間、い

ストリートダイニングウィークの様子

ずれもグリーン大通りに2台のキッチンカーを設置して利用状況を見るというものだった。

　リビンググループではキッチンカーが大いに活躍しており、この社会実験でダメ押しの結果を残せれば常設に王手、だと思っていた。イベント時には警備員をつけるが、社会実験では私服警備をするキャストを配することで警備費を抑えるメリットも考えた。

　ところが、結果はさんざんだった。

　週末に開催するリビンググループではキッチンカーに行列ができていたのに、平日はまるで勝手が違っていた。道行く人が誰も足を止めないのだ。イベント時に屋台などがずらっと並ぶなかでキッチンカーがあると存在感があるが、2台のキッチンカーがぽつんと並んでいても購買意欲が掻き立てられないということにも、ほどなく気がついた。

　9月の実験開始後、数日は利用客が1日数組という惨状だった。これにはさすがに青ざめた。予定をあけて終日付きあってくれている出店者に申し訳がないなんてもんじゃない。9月全体を見ても月平均で35組／日、1万4579円／日。12月は告知を強化したため、月平均で52組／日、1万5791円／日と多少上向いたが、リビンググループ時の売上げとは比較にならない。

キッチンカーの稼働時間は11時から16時までに設定して、その時間はずっと開店してもらうのが原則だった。ところが実際は、昼休みの12時から13時の間しかビジネスパーソンをメインとした利用客は現れず、他店もこの時間帯に一気に売り抜こうとするため、当然客の争奪戦になる。

キッチンカーはつくりたての温かい食べ物を提供できることが魅力であるが、忙しいビジネスパーソンにとってランチの価値は「温かい」ことより「早い」ことが優先されることもわかってきた。ファストフードになりきっていないキッチンカーランチは、「すぐもらえない」「持ち運びにくい」などのデメリットが浮き彫りになる。リビンググループの時には出来たてが喜ばれていたのに、休日と平日との利用客の反応の違いに驚くばかりだ。

めっきり売れないこの状況は、キッチンカーオーナーたちにとってただただコストでしかなかった。売れなかった分の食品ロス、燃料費、おまけに店舗に張りつくため自由がきかない。

僕たちはこの期間、少しでも売れ行きが伸びるようにと走り回った。出勤時間帯にチラシを配り、使われないストリートファニチャーを自分たちで率先して利用することで居場所としてのムードをつくり、行政にもランチ利用を呼びかけた。この頃は寝ても覚めてもキッチンカーの売れ行きばかりを気にしていた。

キッチンカーと競合していた店の多くは行商のお弁当屋さんだった。彼らは都の「弁当等人力販売業」の許可を得ているが、道路占用許可を得て占用料を払ってはいないため、本来は移動しながら販売をしなければならない。ただ慣例で「この場所にはこのお弁当屋さん」といった場所とりが黙認されており、そこにお客さんもついているので、立ち退きを迫ることは事実上難しい。占用料を支払って出店している立場としては、何とも割りきれない思いがあったのは正直なところだ。こうした不条理なことがあると、今度は高額なテナント料を支払って商売をしているビルのテナント店舗がキッチンカーの出店に対してどんな気持ちを抱いているかにも気づくことになる。

社会実験でネガティブな要素を洗いだす

この社会実験では、リビングループの運営時には見えなかったことが、いくつも見えてきた。ポジティブな要素を積み上げてきたこれまでと異なり、社会実験ではネガティブな要素もしっかりと洗いだしていった。僕たちにとっては想定通りにならないことばかりの苦しい時間だったけ

グリーン大通りのストリートファニチャーで談笑したり、仕事をする人々

れど、すべて必要なプロセスだった。社会実験は、未来のあるべき姿を明確にイメージしている者のみに有効に働く。日常づくりは非日常づくりよりも格段に難しく、全方位的な確認が不可欠なのだ。

ネガティブチェックができたことで、当初スルーしていた観点に目が向けられたのもよかった。たとえば、キッチンカーの設置場所と植栽帯との位置関係は大事だということ。キッチンカー利用者が並んで待つ場所と植栽帯が同じ場所にあって使いづらいことがわかり、植栽帯を移動することになった。

前述した、2017年に行った照明の社会実験により、既存の照明が取り替えられ、屋台が並んだ場合を想定して給排水工事もなされた。図面を見ているだけ、風景を眺めているだけでは気づけないことは、「実験」という行為からしか洗いだせない。そういう意味では、ネストマルシェやリビンググループ自体が「日常の居心地」をつくるための連続実験だったとも言える。

その結果、少しずつだが確実にまちは変化した。僕らが率先してムードづくりをしなくても、公園と連続するグリーン大通りのストリートファニチャーには公園と同じように腰を下ろす人が増えた。座っている人たちの背中越しに公園方向を見ると、公園の境界線が拡張してきたように見えなくもない。〝ストリートの公園化〟といったらいささか大袈裟かもしれないが、グリーン大通りの照明や植栽が南池袋公園と一体となった影響も少なからずあるかもしれない。日常の通り道にグリーン大通りを選ぶ親子の姿が増えたし、日中は木漏れ日の下にあるストリートファニチャーで仕事や読書をする人がいて、夜は雰囲気ある灯りを楽しみながら散歩をする人がいる（16頁参照）。そんな光景を見かけると、じんわり嬉しくなる。池袋に暮らす人たちの過ごし方の基礎体力が着実についてきて、以前と比べて本当に居心地がいいまちになった。

日常の居心地をつくり続ける

「賑わいづくり」という言葉にまとわりつく違和感のようなものとずっと闘ってきた。たまに表現される「賑やかし」というフレーズには心がざわつくくらい嫌悪感を抱く。果たして数を追い求める賑やかしは幸せなのだろうか。「賑わい」という言葉がつく業務から離れたいとさえ思う。たくさんの嫌なことが連鎖したコロナ禍において、数少ない良かったことの一つは、数を追い求める賑やかしからの解放だ。自分の違和感を和らげるために自分たちの業務である「賑わい創出」にこっそり「笑顔の」と枕詞をつけるようにした。笑顔の賑わいは「居心地」がよくないと絶対に生まれない。

「居心地」とは罪深いものだ。居心地がよくなくても、生死に関わるほどではない。だから大抵、よくなくてもそのまま放っておかれる。公共空間の居心地の追求なんて後回しもいいところだ。でも、居心地のよくない場所から、人は去る。ハッキリと理由がわからないとしても、場所を選択する時に「ここじゃないよな」と生理的に思われてしまうからだ。僕たちはその、言語化できない、後回しにされがちな、それでも確実に必要な「居心地」のよさをつくりだそうとしてきた。自らがまちの当事者となり、違和感を見逃さず、小さなフィードバックを繰り返し、心地よさを未来に留めるために。

これまでたくさんの無理をしてきた気がするけれど、それは無理なく幸せに生きられる環境づくりのためだったと思うと、我ながら笑えてくる。そうか、僕は臆病だ。いつも不安になる。いつだって下を向きそうになる。すぐに逃げだしたくなる。それにひょっとしたらとてもわがままなのかもしれない。熱すぎるお湯も、ぬるすぎるお湯も、心地いいと思えない。だから自分が身を置くすべての場所で「ちょうどいい湯加減」を求めてきた。家のみならず、まちも、行く先々も、地球全体が居心地よくあってほしいから。

１００年続く賃貸住宅をつくりたい。青豆ハウスをつくる時に描いた夢はいささか背伸びした宣言だった。自分はきっと生きてない、１００年先の未来の笑顔をつくりたい。居心地のよい場所で過ごすと、人は自然とやわらかい笑顔になる。その笑顔を見ていると安心する。その場に留まっていられる。この感覚を、僕のことを知らない１００年後の人たちに手渡せたら、ようやく自分たちの活動の意味が見出せる。

「パブリックライフ」とは、実はとてもささやかで本質的な「心地よく生きていきたい」という僕たちの思いに正直になることでつくられるものだ。若かろうが歳をとっていようが、お金があろうがなかろうが、どこに住んでいようが、誰もが心地よく生きられる世界があるといい。名前も知らないおじいさんがベンチに腰掛け、まわりの人と笑顔を交わせていたら、自分の未来を重ねてほっとするだろう。ベビーカーを押しながら早足で歩くお母さんが、ふと足を止めて美味しいものを手に入れてほっとしていたら、その先にある暮らしがもっと幸せでありますようにと願うだろう。わがままな僕は、自分だけが幸せでは幸せになれないのだ。

これからも僕は、そんなわがままを振りかざして未来をつくっていくだろう。

わがままな僕は、それを笑って許してくれる仲間たちとともに、引き続き未来をつくっていくだろう。

INTERVIEW

公民連携の現場を支え、ウォーカブル政策を推進

渡邉 浩司

一般財団法人民間都市開発推進機構常務理事／
元国土交通省大臣官房技術審議官

聞き手：馬場未織

僕たちのことをずっと見守り、励まし、背中を押してくれる人がいる。豊島区の元副区長、渡邉浩司さんだ。僕が南池袋公園に関わる前から「としま会議」の全回参加者としていつも近くにいてくれた。豊島区との関わり方が難しい局面で、もうダメだ、もうやめたいと思った時にも、渡邉さんは必ず「うん、うん。そうですね。大変ですよね」と親身になって僕の話に耳を傾けながら「ここは踏ん張りましょうよ。ね、青木さん」と目線を揃えて励まし続けてくれた。だから、折れないでここまで来ることができた。彼から見た僕たちの歩み、そして豊島区や国の動きについても率直に聞いてみたい。

消滅可能性都市からの脱却

——渡邉さんが青木さんと知りあったきっかけを教えてください。

私が国土交通省から豊島区の副区長に出向していたのは2014～15年です。南池袋公園のリニューアル計画はすでに決まっていて、設計者の平賀達也さんらで計画を具体化し、整備する段階でした。副区長を退いた直後、公園がオープンしました。青木さんはオープニングイベントで公園に関わり始めましたが、その前に彼と私はリノベーションまちづくりの方で知りあっていました。

事の発端は、2014年5月の連休明けに日本創成会議の発表した「消滅可能性都市」に豊島区が23区で唯一選ばれたことにあります。4月に副区長に就任して、すぐのことです。区の中に緊急対策本部がつくられ、職員も何かやらなければならないという意識を持ち始めました。豊島区は「消滅可能性都市から、持続発展都市へ」というスローガンを掲げて、やれることは何でもやろうという体制になっていました。

私自身は都市再生といった大きな話を専門にしているので、豊島区が国家戦略特区として認定されて「国際アートカルチャー都市」として再生するよう動いていこうとしていました。一方で、「女性にやさしいまちづくり」をしようという話の中で「リノベーションまちづくり」について紹介されたんですよね。高野之夫区長（当時）と知りあいだった宮本恭嗣さんからリノベーションまちづくりについてプレゼンしたいという話があり、区長や関係部局の人間を集めて1時間のプレゼンの機会を設定しました。たしか青木さん、建築家の嶋田洋平さん、再開発コンサルタントの宮本さんの3人が来られました。プレゼンの後半、青木さんが当時取り組まれていた賃貸住宅の再生などの具体的な話をしてくれて、区長がそれに関心を示したんですよね。

青木さんの物件は区庁舎から歩いて10分と近く、後日役所の職員を20人くらい連れて視察に行きました。青木さんが案内してくれたんですが、とにかく住人の方がとてもオープンなのに驚きました。当日ご不在の部屋にもお手紙やクッキーが置いてあり、歓迎してくれていることが伝わってくるのです。そのことにみんな感動して、区長も自ら名刺の裏にお返事を書いて置いていましたね。この時の印象がとてもよかったこともあり、リノベーションまちづくりをやってみようか、という話になりました。ちょうど2014年の初夏でした。

その後、区長は、7月の定例記者会見で「豊島区は、消滅可能性都市から脱出するためにリノベーションまちづくりを進めていきます」と喋ってしまいました。議会を通す前に、先に宣言をしたという形です。まあ、事業を一気に進めるために〝計画的〟にしたことですけれどね（笑）。そして、区役所もリノベーションまちづくりに理解を深めようと、北九州リノベーションスクールに職員を参加させたりと関わりをつくっていきました。

第1回目の「リノベーションスクール@豊島区」は、2015年3月に開催されました。青木さんが自らスクールマスターを務めましたけれど、初日の朝の挨拶で寝坊してきたんですよ。前日飲みすぎたとのことで。いろいろやらかしてくれるんですよね（笑）。また、9月には二度目のリノベーションスクールを豊島区旧庁舎で開催しました。これが私と青木さんとのお付きあいの始まりです。

――豊島区では、なぜこうした取り組みがテンポよく進められたのでしょうか。

消滅可能性都市となって、もうやるしかないという状態だったからというのもありますが、最もラッキーだったのは、「地元にやりたい人がいた」ということです。

青木さんが発起人となり、2014年8月に「としま会議」が開かれました。私はこの会議に全回出席しました。区役所の庁舎にいるだけでは、豊島区で暮らし働く人たちの本当の状況がわからず、公的な立場にある人たちからの限定的な情報しか入ってこないのです。その上、その情報というのは新しい動きに対して否定的である場合もあります。たとえば、商店街など補助金をもらって運営している人たちからすれば、「補助金をもらうと体質が腐る、補助金なしで自走しよう！」などと謳うリノベーションスクール界隈の人たちは受け入れがたいでしょう。区役所には「リノベーションスクール界隈の人たちは危ないから気をつけて」という声が多数寄せられていました。

副区長として豊島区に飛び込んだ私にとって、毎月5人の区民の生の声を聴くことができる「としま会議」は本当にありがたかったです。毎月私のためにやってくれているのではないかと思えるほど（笑）。大人数での会議では区長も来てくれましたし、私も2回登壇しました。登壇者同士のネットワークができ、それがつながって広がって、彼らが一緒に何かを始めたりする動きを目の当たりにしながら、この場はメディアとしての役割を果たしているのだと思いました。

私自身はそもそも都市再生がメインの仕事であり、豊島区で国家戦略特区の認定をとり池袋駅東口駅前に広い歩行者空間を確保してLRTを通す計画などを進めていました。それに伴ってグリーン大通りでオープンカフェなどの実証実験をしようと商店街の方々に話をすると、皆さん受け身の姿勢なんです。「わかった。やらせてあげるけど、区は何をしてくれるのか？」といった様子。なぜなら、街路に面した店舗は銀行や保険会社、コンビニ、雇われ店長のカフェなどばかりで、当事者意識を持ちようがないわけです。そうすると、たとえお金と労力をかけて実証実験をしたとしても1回やって終わりです。

それに対し、としま会議でつながっている人たちは「自分たちの未来は自分たちでつくる」と言っている。ここにこそ、まちづくりの大きな可能性が宿っていると感じました。当初は苦労していたグリーン大通りの再生計画ですが、彼らがこれに関わるようになって少しずつ動きだしました。

――区民を主体としたまちづくりですね。

そうです。初期は区役所主導で動かしていましたが、その後沿道の会社や店を集めて区長を委員長に据えた「グリーン大通りエリアマネジメント協議会」という地元組織をつくり、実態としてはとしま会議のメンバーで動いてもらおうとしました。ただ、この運営はなかなか難しく、うまく噛みあわないままでいたんです。そうこうしているうちに、2016年2月頃でしょうか、南池袋公園の「オープニングセレモニーをどうするか」という話が持ち上がってきました。

市民から提案された南池袋公園のオープニング

――南池袋公園のオープニングイベントは素敵でしたね。

はい、あれは紆余曲折を経てできたイベントでしたね。というのも、南池袋公園の象徴とも言える広い芝生ですが、当初はなかなか根づかなかったのです。区役所の中では「議員さんらだけ集めて祝辞を言ってもらい、芝生に人を入れないでこじんまりやるほかないのでは」という声が聞こえていました。ただ、それではオープニングセレモニーをやる意味がない。設計者の平賀さんや、公園内のカフェを運営する金子信也さんらはどう考えているのかと直接聞いてみたところ、「我々はやりたいことがある」と。

改めてこの件について話しあいの場を設けると、金子さんの頭の中に描かれていたであろう「未来の公園の姿をオープニングで示す」というプランが出されました。金子さんは青木さんと組み、としま会議でつくりあげたネットワークを使って、オープニングの日にその未来予想図を実際に体現しようとしたわけです。区長にも直接プレゼンをしてもらったところ、金子さんは「議員が挨拶する面白くないオープニングではなく」とストレートな表現のまま話してしまい正直ヒヤッとしましたが（笑）、その後に示されたオープニングプランの絵がとてもよかったので区長にも理解され、これをやってもらおうという話でまとまりました。

ところが、本気でやろうとするとさまざまな差し支えが出てくるんですよね。現場では大変なことがたくさんあったと思います。青木さんが私のところに相談に来て「オープニングでやろうと思っていることがありますが、渡邉さんの胸の内に納めておいてください」と言っていくこともありました。難しい判断がいくつもありつつ、これはもう公園の自由使用の範囲内でやってもらうしかないと考え、「青木さんのやろうとすることは、止めませんよ」と伝えました。区長も私もそのスタンスはぶれませんでした。

――〝さまざまな差し支え〟を乗り越えていくために必要なのは、熱意でしょうか？

熱意は必要です。ひと通りのことでは突破できませんから、熱意がないとくじけると思います。それは熱意を受ける側も同様で、役所にも相当な思いきりが必要です。特に担当レベルでは、これまでと180度違うことをやらなければならないという試練があります。乗り越えていくためには、お互いに「方向性は一緒ですよね」と確認しつつ、安心安全に楽しい場をつくっていく必要があります。そして、お互い譲れないものも出てきます。役所側としては制度などと向きあいながら、それらとどうすり合わせていくかです。そのあたりはずっと、青木さんがガチンコでやってきましたね。役所とは、喧嘩して、仲直りして、喧嘩して、仲直りして、を繰り返しながら。

――オープニングの後、公園と青木さんの関わりは継続したのでしょうか？

南池袋公園の1年目（つまりグリーン大通り計画の3年目）は区の方で進め、青木さんはさほど関わっていませんでした。ただ、私の後任の宿本尚吾副区長（当時）は、持続的に公共空間を活用する方法を考え、年数百万円程度の予算で2017年から3年間、活用事業を行う「グリーン大通り等における賑わい創出プロジェクト実施業務委託」の事業者公募をかけたんですね。

青木さんは、Open Aの馬場正尊さん（351頁参照）らとnestという会社を立ち上げて応募し、晴れて採用されてからは月1回開催の「ネストマルシェ」と年1回開催の「池袋リビングループ」の二段構えで屋外公共空間の活用を進めることになりました。

それでまあ、やってみるといろいろとあるわけですね。たとえば公園で映画を観ようとすれば屋外広告物条例に抵触することがわかり、この時は国土交通省公園緑地・景観課の町田誠課長（当時）

や東京都にも相談をして、広告に当たらないような方法を考えていきました。

役所と民間の連携を現場で支えながら、国のウォーカブル政策を推進

──一つ一つそうしてハードルを越えていき、公園の使い方が成長していったのですね。

そうですね。nestと区が組んで公園の植樹帯や照明などをよりマルシェなどに使いやすい状態へと変えていく計画が進み、メディアでは南池袋公園のいいところばかりが注目されていたと思います。ただ、実は裏では区役所とnestの関係はそんなに単純にうまくいっているわけではなかったんですね。難しい現場調整を何度も重ねるなかで、区の担当とnestとの間で不信感が募ることも出てきていました。

一方、国の動きは逆に盛り上がっていたんです。国土交通省都市局では南池袋公園を成功事例として取り上げつつ、ウォーカブルなまちづくりを政策に盛り込めるようにと動きを進めていました。2018年にはウォーカブルな取り組みを全国展開するためのマチミチ現地見学会が、2019年にはマチミチ会議が発足して、元ニューヨーク市交通局長ジャネット・サディク＝カーン氏を招いて講演会や南池袋公園の視察なども実施しました。青木さんには都市局の勉強会で現場の話もしてもらいました。従来のまちづくりの考え方と大きく違っているこうしたムーブメントを、なんとかして局内にリアルに伝えたかったからです。当時の都市局長やまちづくり推進課長らは、徐々に理解を深めていき、これがウォーカブルを進めていく後押しとなりました。それが結果的に2020年

6月の改正都市再生特別措置法の成立につながっていくわけです。

——現場と国の温度感がだいぶずれていたんですね。

ええ。青木さんはだいぶ悩んでいましたし、私も非常に複雑な気持ちでした。南池袋公園を成功事例として紹介し、国の方はようやく動きが出始めて、制度もできようとしているのに、その動きのもとになったリビングループの行く先に暗雲が立ち込めているというね。「青木さん、がんばって」と励ましながら、「そうでないと我々も困るんです」と密かに悩みをともにしていました。まさに一蓮托生です。

そして、3年間の「グリーン大通り等における賑わい創出プロジェクト実施業務委託」の契約期間が切れる2019年になった。青木さんは「このままだと、次はないな」と考えていたと思います。区役所の担当の話ぶりからしても、彼らと続けていくことはないだろうという気配がありました。青木さんたちは、自分たちの利益のためにやってきたわけではないので、次もやりたいというわけでもなかったと思います。ただ、せっかく池袋が変わってきたのに、ここで彼らの動きが途絶えるのは非常にもったいない。それで、青木さんたちと区役所の間のわだかまりを解きほぐすように、区役所と相談をしていきました。

その後、区役所では、池袋の四つの公園を含むエリア全体の価値向上を見据え、ウォーカブル推進事業の一環としてグリーン大通り等の次の展開を位置づけて2020年の公募を行いました。nestは、将来のエリアマネジメントまで見据えて、サンシャインシティや良品計画などの地元企業を巻き込んで応募し、選定されました。「nestの事業は単なる賑やかし」と言われないようにという思いがあったのだと思います。

――苦境を乗り越え事業を進めたことで、国の制度にフィードバックしたのでしょうか？

都市局だけでなく、道路局も追いかけて「行きたくなる、居たくなる道路」という新しいビジョンを出してきましたからね。道路局はこれまで自動車交通中心でしたから、これは大変化です。その後、道路法も改正されてできたのが「ほこみち制度」。それまで道路上は商売での占用を原則認めていませんでしたが、これで歩行者の利便のために道路空間を活用する区域を決めて商売が大々的にできるようになったんです。実はコロナ禍でディスタンスが重視された時期にコロナ特例として道路占用が認められましたが、これは11月施行予定のほこみち制度を前倒しにするだけだったので速やかにできたのです。ちょっと細かい話になりますが、〃ウォーカブル〃の範囲は沿道の建物、つまり建物1階部分や公園、広場との連携を意味します。でも現実的には歩道上を利用しますので、「ほこみち制度」とセットで進める意義は大きいです。こうした多方面にわたる動きを生みだす力になったのがnestの事業なんですよね。

その後、２０２０年秋から２０２１年にかけて各自治体に制度活用が広がっていきます。豊島区についても、これまではアジア文化都市、ＳＤＧｓ未来都市と掲げてきて、２０２１年の年頭記者会見では高野区長が「これからはウォーカブルなまちを目指します」と言いだしました。１年間の検討を経て翌２０２２年、区制90周年の年頭記者会見では「ウォーカブルなまちづくりの推進について」を発表することになった。駅の構内だけが充実して〃えきぶくろ〃などと揶揄されていた池袋駅ですが、実は昭和50年頃から駅の東西をつないで歩行者の回遊性を高めるビジョンがあり、それが歩行者空間化へと発展してきた歴史があります。それがようやく動きだしたわけです。

2022年11月には「池袋エリアプラットフォーム」が設立され、サンシャインシティを中心に民間企業66社が加入して区も監事として加わりました。2023年3月には、池袋駅西口アゼリア通りと東口グリーン大通りとも同時に車を止めるという大規模な歩行者天国の社会実験も行われましたね。

――それまで噛み合わなかった民間と豊島区が、一気に噛み合ってきたように見えますが、何がきっかけだったと思いますか？

地元企業でまちづくりに熱心なサンシャインシティがnestの手掛けるまちづくりやリビンググループに賛同し、連携したいと身を乗り出したのが大きいですね。これで区の本気度が上がり、職員の動きもよくなりました。青木さんの功績は、サンシャインシティを本気にさせたこと。これまでサンシャインシティは自社だけで動いていましたが、リビンググループをきっかけにエリアで連携して取り組むようになった。それがエリアプラットフォームという話につながっていったんです。

制度についても、組織についても、それぞればらばらに動いているうちは前に進まなくて苦しいことばかりです。でも前に進めるように準備をしておくと、何かの拍子に足並みが揃う瞬間が来た時、ぐいっと押し出せます。僕が豊島区で青木さんとやってきた準備期間は、青木さんも苦しんでいましたが、たとえばリビンググループの実績を積んでいたタイミングにサディク＝カーンが来日したことで視察を受け入れ、ウォーカブルの機運が高まるという巡り合わせがありました。青木さんが続けてくれたから、そうした点と点がつながっていったのだと思います。

池袋のまちに関わって変化したまちづくりの考え

──渡邉さんがそこまで動くのは、どうしてでしょうか。

私のように国で政策的な視点でまちづくりをやっている人間は、現場でやっていることを国に持ち帰って制度をつくり、その制度を現場に戻す、と繰り返すのがミッションです。でもそれだけでなく、青木さんはあれだけがんばっているのだから、こちらもやれるだけのことをしなければならないという純粋な気持ちがありました。

──渡邉さんの頭の中にあることと、青木さんが実践する事業は、どのようにすり合わせているのでしょうか。

青木さんの目指す姿と、私の目指す姿は、そもそもそんなに違わないと思います。自分自身も豊島区の副区長になるまでに考えてきたまちづくりがありますが、その後豊島区で実際にまちのプレイヤーの方々の考えることを知るなかで、自身の考えが大きく変わっていきました。以前は、どちらかというと従来型の都市計画が頭にありました。ハード中心の、マスタープラン型です。それは人口が増えていく時代には有効な、未来の姿が予測できてその予測に沿って一直線に進めていける都市計画です。

まちの人たちと接することで、人の日々の営みそのものの重要性を感じました。人口減の時代には一直線にマスタープランが描けるわけではなく、どういう方向性で進めていくかという考えを共有しつついろいろ工夫しながら進めるやり方へシフ

INTERVIEW

トするべきなんですね。タクティカル・アーバニズム的とでも言いましょうか、常に変化をしながら次を見出していくという方法です。こうしたことを勉強しながら、青木さんも私もともに目指す方向性を考えてきたと言えます。

――青木さんとは、どんなまちの未来をともにしたいと考えていますか？

池袋について言えば、「アートカルチャー都市」「劇場都市」という派手な印象がついてしまっていますが、本当は「人間誰もが主役」ということを大事にしたまちにしたいと考えているんです。まちが舞台で、まちの中のいろいろな空間で人間が1人1人主役でいられるようなまちです。

たとえば渋谷は、おしゃれな格好をして行くようなハレの場というイメージが強いと思います。それに対して池袋は、〝ジャージで行ける副都心〟なんですよね。暮らしの場がとても近く、でもいろいろな機能が集まっていて、かつ雑多なところ。綺麗すぎたり、おしゃれすぎたりしないのが、このまちの個性です。そんな池袋に、南池袋公園があるからいいんですよ。逆に、全部が南池袋公園的になってしまったら面白くない。池袋のまちのいたるところが人の楽しめる場になっていく、そんな未来を、青木さんと一緒なら実現できる気がしています。

実は、青木さんのリノベーションまちづくりイベントで講演をした翌日が僕の国交省の退職日で、結果として現役最後の仕事が青木さんの仕事になったというご縁があります。青木さんはともに歩んできた仲間であり、これからも立場を越えて同志であり続けると思います。

INTERVIEW

圧倒的な当事者意識が、日本の公共空間を面白くする

馬場 正尊
建築家／Open A代表取締役／公共R不動産ディレクター

聞き手：馬場未織

この本の最後に、南池袋公園での実証実験からnestの立ち上げをともにしてきた馬場正尊さんに話を聞きたい。僕がどうしても馬場さんと一緒に取り組みたいと考えた経緯は、前述した通りだ。僕たちが一つのチームで進めてきたこのプロジェクトを、編集者としての目線を併せ持つ馬場さんにはどう見えていたのか。僕にはまだ見えていないもう少し遠い未来が、馬場さんは見えているのか。一緒に耳を傾けてほしい。

なぜ、青木純はパブリックに向かったのか

――馬場さんが青木さんと知りあったきっかけを教えてください。

青木さんの名前に触れたのは、もう10年以上前のことになりますね。2011年3月に北九州でリノベーションスクールの前哨戦的なイベントを開催していた頃、「住まい手とともに空間を編集可能な賃貸住宅を運営している、ものすごく面白くて新しいタイプの大家さんがいる」と聞いたのが最初です。

その後しばらくして本人と対面しました。印象深かったのは、北九州のリノベーションスクールで、彼が登壇した「TEDxTokyo 2014」での12分間の超熱弁映像がサプライズで流された時のことです。本人は「もう、やめてよー」と照れていましたが、これが観衆を惹きつけて止まない感動的な話っぷりでね。その時、彼は大家である自分のアイデンティティを再定義したんだと思いました。その後、僕たちは各地のリノベーションスクールで講師をともにするなかで距離を縮めていくことになるんですよね。

――青木さんの力強さや考え方についてどう感じましたか？

僕と青木さんはある意味、対照的だと思います。青木さんは「よし、俺についてこい！いくぞ！」と常に人を惹きつけ、大きな熱量でまわりをチアアップしていけるリーダーシップの人ですよね。それに対して僕は、昔から引き芸キャラでね。「ちょっと、引くなよ！」とまわりが寄ってくるような、マイナスの引力でやってきているところが

ある。学生時代の部活でも、普段は目立たないのにおいしいところでたまに点を入れるようなトリックスターキャラですよ。だから、僕は青木さんのプラスの引力を羨ましく思っていたし、よくあそこまで前に行けるなあ、疲れないのかなあとも思っていました。

ところが、彼はパブリックイメージからはあまり伝わらないネガティブな側面を根深く持っているのだと、途中からわかってくるんです。それが僕と青木さんの共通部分だと互いに気がつく瞬間が、後に訪れます。

――その後、お二人は組んで池袋の活動をされるようになります。なぜ馬場さんだったのでしょうか？

ある日ふと、青木さんから電話がありました。「めずらしいな、どうしたの?」と出ると、「南池袋公園の社会実験のプロポーザルがある。会社をつくってやろうと思う。馬場さん、一緒にやらない?」と誘われたんです。「え?おいおい、ちょっと待った、なんで俺なんだよ?」と驚きました。これまで豊島区の仕事をしたこともないし、まずもって南池袋公園にはオープニングセレモニーで一度しか行ったことがない（笑）。他に山ほど役者はいるだろうに、何で俺なの?と。

青木さんはもごもごと「いや、なんか」とハッキリ理由は言わないんです。でも彼には何らかの直感が働いていたんでしょうね。それを聞いた僕も僕で、面白そうだなと思ったし、青木さんが言うならやってみようかと思い、「わかった、やるよ」と返事をしました。なんで声をかけてくれたのか本当にわからなかったけれど、僕は好奇心の奴隷だからさ。

その後、青木さんはnestという会社を立ち上げ、飯石藍ちゃん、宮田サラちゃん、青木さん、馬場の4人で豊島区のプロポーザルに臨みました。一緒に仕事をし始めると、青木純の複雑な内面性が徐々にわかってきました。

——複雑な内面性。たとえばどんなところからわかってきましたか？

青木さんが親族で所有していた賃貸住宅の運営から身を引くことになった頃、彼は相当落ち込んでいました。当たり前だよね。その賃貸住宅は自分が長く育てた子供のような存在で、それを中心にいろんな人たちとのつながりができていたわけです。建物に対してかけた労力や深い愛情があるなかで、それがスパンと切断された時、一体彼はどんな気持ちなのだろうと思っていました。

思い返せば、僕は以前、豊島区主催のリノベーションスクールで、その賃貸住宅の2階の空き室を対象物件としたユニットのユニットマスターをしていたんです。その時は青木さんの熱量がありすぎて、正直やりにくいなあと思ったんだよね（笑）。

青木さんの熱量は物事を押し進める強力なエネルギーとなっている一方、近くにいる人たちは熱すぎる太陽に焼き尽くされる感覚になったり、時にその熱さが耐えられなくなってヒュッと距離を置く人もいるのではないか。そんなことを感じました。それは、強すぎる熱量や求心力を持った人の宿命みたいなもの。青木さんもそのタイプの人なんだろうなと思っていました。

nestを始めた頃の青木さんと接するようになって思ったのは、彼は熱量コントロールの技術を覚えたのだということです。ありすぎる能力というのはコントロールしないと暴発するわけです。そのチューニングを体得し、いい感じにバランシングされた状態になっているなと感じました。

――コントロールしつつも、その熱量でnestの仕事に立ち向かうようになったのですね。

そうですね。僕なりに感じた、青木さんの気持ちの流れはこうです。当時、自分の自己実現の象徴であった建物へのコミットメントが難しくなった時に、次に何に対してコミットすべきかを青木さんは考えたのではないか。圧倒的にコミットする主体物がスパッとなくなり、どこに自分のドメインを持っていけばいいかわからなくなった時に発見したのが、〝パブリック〟だったのではないか。

賃貸住宅を対象にした時の彼の熱量やノウハウが、パブリックに向かった時、どんなことが起こるだろう。それを並走して見届けるというのも、僕の役割の一つなのではないかと思いました。おそらく僕は、ジャーナリズムの視点で彼の動きに注目していたのだと思います。

青木さんの当事者力みたいなものは、僕にはない。逆に客観力の方が強い。当事者力の強い青木さんとともにいて、彼の行き過ぎるところを客観性において補正したり、中和したりという役割分担があるとするならば、自分はその役割を担えるなと感じました。青木さんはそこまで理論的に考えていなかったかもしれないけれど、当事者力の強い人をパートナーにせず、僕のような人間に声をかけたのは、彼にそうした勘が働いたからじゃないかな。

当事者としてパブリックに向きあうと起こる摩擦

――nestが動きだし、実際に公共空間へのコミットが始まった時、どんなことを感じましたか？

青木さんは、その強すぎる当事者意識のために、南池袋公園について完全に〝当事者〟として立ち向かい始めるんだよね。そこで、〝パブリック〟の概念との摩擦が生じ始める。今までは当事者がまったく存在しなかったゆえに、日本の公共空間はあんなにつまらなかった。だから時代的にも当事者を欲していたわけです。

南池袋公園があんなに面白くなっていったのは、青木さん、公園内のレストラン「ラシーヌ」の経営者の金子信也さんといった当事者意識の極めて強い体育会系のリーダーシップのある人が動き始めたからだという気がします。

一方で、強すぎる当事者意識やリーダーシップは、外から見ると誤解されやすい。「お前のものじゃやねえだろう、これは公共のものだぞ」と思われかねないし、豊島区も「ここは行政の管理空間なのに、なんでしゃしゃり出てくるんだ」となる。むしろそのせめぎあいの中でしか、公共空間は変われないと思いますけどね。

当事者意識が強い人が関わらないと日本の公共空間は変わらないだろうと思うけれども、一方で日本が今まで引きずってきた公共という概念とは大きな溝があり、これをどうチューニングするかがポイントになってくる。そうした最先端の部分を、身を挺して実践しているのが青木さんであり、nestなんですよね。

――馬場さんは青木さんらとともにnestを立ち上げ実践している立場にありながら、常に俯瞰した視点を持っているんですね。

むしろ、もし一緒の目線でいたら、きっとぶつかるし疲れるだろうね（笑）。たとえば前職で国土交通省におられた渡邉浩司さん（338頁参照）は、「ちょっと馬場さん、話があって」と僕に連絡をくれた時があるけれど、きっと彼は、これは青木さんではなく黒子役の馬場に話した方がいい、などと使い分けていたんでしょうね。青木さんと僕という2人にははっきりと役割分担があるという認識です。

そして渡邉さんは、プロジェクトそのものの詳細を見つめる寄った視点と、国の方針の中でのこのプロジェクトを位置づけるという引いた視点の間を、シュッシュッと往復しながら全体を把握していたのだと思います。違う視点を持つ者がともにプロジェクトを進めると、外部からアクセスする窓口が増えるという利点がありますよね。

――渡邉さんにはまた、馬場さんとは異なる俯瞰の視点がありますね。

渡邉さんは技術官として国の都市空間の未来を導いていく立場にいて、それを自分自身が実証できる立場にいるわけではなかったので、その一つのモデルとして豊島区や、青木純があるのだと思っていたのかもしれないです。時に行き過ぎる青木さんをハラハラしながら見つつ、制しつつ、この火を絶やさないようにと考え続けていた。彼は南池袋公園を再生する時に副区長でした。それ自体が、運命的であったとも思いますね。国の政策を推進するために、偶然この状況に居合わせたことを無駄にしてはならない、全国のモデルにしなければならない。池袋の取り組みがくじけてしまうと国の未来が描けないという思いがあるんじゃないかな。だから何としてでも方法論化して定着させたい、とね。その情熱と運命が、今もなお彼を動かしているんだと思います。

小企業と大企業のチームアップでつくる、新しいエリマネ

――方法論化するという意味では、志半ばといった感じでしょうか？

たとえばニューヨークのブライアントパークのように、公園およびその周辺のＢＩＤ（Business Improvement District）がエリアを自立的にマネジメントしていけるという地点を10だとすると、今の到達度は3くらいです。マネジメント組織の組成すらできていないから。

南池袋公園およびグリーン大通り周辺のエリアマネジメントが世界レベルまで行われるまでには、それを経営できる足腰のしっかりした経営母体が必要となってくるわけですよね。nestは、その種みたいなもの。描いてきたモデルは、nestなどのフットワークのある小さなクリエイティブ企業と、良品計画やサンシャインシティなど池袋に本社がある体力のある大きな企業とが一緒にマネジメント組織をつくって経営していくというもの。さらに豊島区が関わってくることで、収益構造が構築できるわけです。

――nestの目線から見ると、絶妙なタイミングで大きな味方が現れたり、ステップアップの機会が訪れることが、実は国の政策に沿った事業であるという前提で動かされているものだった、という見方もできると思うのですが。

まず、成果がないと大きな企業も一緒に組みたいと思わないので、素晴らしい成果が上がっていることがもちろん前提です。池袋リビンググループのあの風景をつくり、それを持って良品計画やサンシャインシティ、東急ハンズに出店要請に行くといった地道な活動があり、そうした企業が出店してくれたリビンググループの風景をnestがアドバイザーを務める地元運営団体の会長などが見に来て「いいねえ！」と反応してくれたり、とまるで畑を耕すように少しずつ関係性を熟成させる時期を経てきました。その後、地域のコンセンサスを形成していくためにより大きくて共感されやすく、エリアにとって必然性のある組織になってきたように感じます。

海外と大きく異なる部分は、日本は大企業への社会的信用が絶大であり、小さな組織の社会的信用はいつまでたっても大きくならないというところです。これは日本という国の問題ですね。だとすると、その両者がコラボレーションした組織にすることで、小さな組織のクリエイティビティやフットワークと、大きな組織の信用力と資本力と人材力とを融合することによって両者の強みを活かしていく他ない。次の日本の公共空間のエリアマネジメントのありようは、そこに答えがあるのではないかと思っています。南池袋公園とグリーン大通りの試行錯誤の中で気づいたことです。

良品計画を引き入れたのは、金井政明会長と仲が良かった青木さんでした。金井会長から見てnestのメンバーや実績は信頼できたんだろうね。その後、サンシャインシティで新しく就任した合場直人社長が地域のまちづくりに積極的に関わっていく考えだと聞いたので話を持ち掛けてみたところ、合場社長が僕たちの活動に共感してくれたんです。

最初はたった数百万円だった社会実験業務を、グリップセカンド、サンシャインシティ、良品計画とnestのＪＶ（共同企業体）が請け負うことになりました。こんな風にチームアップができれば、たとえば地方都市においても「地元のクリエイティブ企業と有力ゼネコンと電鉄会社が組んでＪＶをつくる」といった動きがつくれるわけです。ただ、この価値が最も伝わらないのは、行政、地方自治体なんですよね。

――どのあたりが伝わらないのでしょうか？

〝経営する〟ということです。組織を運営するためには何らかの収益を上げなければならない、収益を上げるためには何らかの収益機会が必要だということ。これが彼らにはなかなか伝わらない。なぜなら行政内部には、それをやったことがある人が存在していなかったからです。

具体的な例で言えば、駐車場の維持管理や道路の使用料などで安定的な収益を得ながら、それをエリアマネジメントやクリエイティブワークに使う、といった建付けを実行するとします。公共空間を使う以上、そうした枠組みや制度は行政でないと設定できないから、行政を排除して進めることはできません。でも彼らにはその必要性がなかなかわからない。これまではすべて行政が予算を出していたからわかる必要がなく、だから〝マネジメント〟ではなくただの〝管理〟になっていて、面白いことは何も起こらなかったわけです。

でも世界中が「民間を活用したブライアントパークのような公共空間のマネジメント」にシフトしたことによって、一気にそうしたエリアの価値が上がり、観光客もベンチャー企業もそちらに集まるようになったのを、僕らは目の当たりにしています。「アクティブな場所にアクティブな企業や人材が集まってくる」とリチャード・フロリダが言っている通り、日本はそれをやらなかったので衰退してきたのだと思います。日本はその方法論のモデルとなる事例をこれからつくろうとしている段階なんです。

――行政は、エリアマネジメントに大企業を巻き込むことで、ある意味いろいろ楽になるはずですよね。

そうです。説明責任のある行政は、議会で出される「なんでnestなの?」といった質疑へ応答する時、地域にある大企業の関わりを軸に話ができると一気に楽になる。また、安心して事業を任せられるという面もあります。ある意味、これは日本の特殊性ですよね。企業に対する価値判断が未成熟な証でもある。だからベンチャー企業が育たない。まあでも、それを言っていても仕方ないので、日本なりのエリアマネジメント組織のあり方を模索する必要があるわけです。

nestはそれをコツコツと進めてきた。その結果、ここ数年でぐっと体制が整ってきたところです。4社のJVによって南池袋公園とグリーン大通りのウォーカブル施策を実施できる体制ができ、その体制でパークアンドストリートマネジメント実験ができた。池袋は公園をネットワークする都市として魅力をつくっていこうという都市戦略を掲げていて、その価値観を共有する組織として「池袋エリアプラットフォーム」ができました。中池袋公園、西池袋公園、ハレザ池袋、イケ・サンパークという複数の公園を核にしたゾーンができ、それぞれ民間の運営組織が現われ、ネットワーク化した状態がつくられている。その事務局にURとサンシャインシティが加わって、豊島区とともに動きだしています。力強い変化ですよ。

――では、nestのようなエリアマネジメント組織はどのように存在するべきなのでしょう?

まず社会は、nestのような会社の立ち位置を守らなければならないと思います。立ち位置というのは、自立的で、自由であること。そうでないと存在意義がなくなってしまうからです。大きな力に取り込まれていってはアイデンティティが保てない。小さくても大きい企業を引っ張れるタグボートとして自立した状態で力を蓄えていく必要があります。

良品計画の金井会長も、サンシャインシティの合場社長も、nestと話しているなかで覚醒していったと思います。サンシャインシティが最近、「まちへ」というベクトルを鮮明に打ち出しているのもその影響じゃないかな。その目線とnestの活動が共鳴し、役割分担ができてきたわけです。当然、当初からともに動いている金井さんも役割分担をしっかり意識しています。

nestは自立的で自由だからこそ、大企業にはできないきめ細やかなつながりや地域への配慮、自由な発言ができているんです。大きなまちづくり会社が牛耳るとぎくしゃくするだろうね。エリアごとのきめ細やかなキャラクターがあるので、それを丁寧に捉えながら柔軟につながりあうという小回りの利いた、自由な動きが必要だから。一方、大企業は国交省や行政などと関わりが深い。お互いの立ち位置を理解し信頼している関係の上で任せあう。これはつくってきた風景に対する信頼と尊敬があるからできることでしょうね。

従来の〝中心市街地活性化事業〟とは、まず中心を決めて、商業で活性化させるものでした。しかし、今後は〝中心はなくていい〟という考え方の方が合っているのではないかな。商業を無理に集積したり、活性化させなくていいというね。居住、飲食、空き地がまだらにある、賑わいを無理して求めることなく居心地がよく穏やかでいられるような環境の方が現実的なんですよ。コロナがそれを肯定的に考えるきっかけになったと思います。

情熱と冷静を使い分けながら、パブリックを面白くする

——自分たちだけで取り組める限界に到達して、そこから能力や方法論を開発していったのですね。

青木さんは、情熱と冷静を使い分けながらその道のりをつくってきました。彼が根源的に持っている情熱やリーダーシップによって発揮される性質が、たとえばリビンググループで「出店者や来場者がハッピーになるように導く」というものだったりします。もう一つ、冷静の部分が「それを風景として見せながら、それを社会に実装し動かしていく経営母体をつくる」というものです。nest単独だと、継続性が担保できなかったり、体力が足りなかったりするところを、大企業とnestがコラボして日本ならではのエリアマネジメント会社をつくることで乗り越えていく。この手の動きは冷静でないとできないものですよね。行政を説得したり、大企業に説明したり、とね。そうやって冷静と情熱の間を行ったり来たりしながら、相互理解を構築してきたわけです。

——青木さん自身も変化していったのですね。

そもそも青木さんは現場でのふるまいがすごくて、初動をつくるのに長けていたんです。だいたい彼は何でこんなにたくさんの人を覚えることができるのか。「この前はああだったな!」「こないだ来てくれたよね?」などと全員に声をかけたりかけられたりしている。「あの時に参加するよって言ってくれたから電話したんだ」とマルシェにぐいぐい誘ってしまう。すげぇな、みんな大丈夫かな、嫌々来てないよな、と心配になるけど、みんな楽しそうに出店してくれてる(笑)。それがマルシェの始まりです。絶対僕にはできない。その強引さを飯石さんや宮田さんという繊細な2人が調整している構成も絶妙でした。

その後、nestのメンバーとの信頼関係を継続していき、ここ数年で距離感がさらに的確になったように見えますね。数年前までは青木さんがいてこそ成り立っているリビンググループなのかもしれないと思っていたけれど、最近は全体が有機的につながりあって動くシステムが機能しています。そこに到達した、と言っていい。

――こうした発展は予想していましたか?

いや、青木純はどんな発展を遂げるんだろうか、と僕はずっと読めなかったんですけど、彼自身が主体となって横展開していく方向には行かなかったですね。青木さんは最近、いろんなまちに行き、この人がこのまちの渦の中心と思う人と話をしていますよね。日本のいろんなところで渦をつくり始めている。池袋でやってきた体験をいろんなまちに届けて、当事者としてではなく、的確にキーパーソンを見つけて的確に励ます。そういうウォーカブル政策の伝道者的な立場になっています。つまり〝おこし方〟を教えに行くという展開ですね。

ある時点で青木さんは「あ、俺が中心にいなくてもいいんだ」と気づいたんじゃないかな。こうやって青木さんの力が散らばっていくと、彼の熱量で焼け死ぬ人は出ないな(笑)。強烈な熱を浴びながら自立していった飯石さんと宮田さんが、一方では青木さんを育てていたんだろうと思いますよ。

そして、全国が〝いい湯加減〟になるために力を尽くしている青木さんは、もはや〝自分自身がパブリックな存在〟となっている。本当にいろいろあっての、到達地点ですね。

おわりに

2018年5月。青木さんから「本を書いてほしい」と依頼された時には、正直悩みました。青木さんは、自分の言葉を持つ人だからです。あえて私が執筆する意味はどこにあるだろうか、と。「集合住宅と公園は似ていると思うんだ。この本では〝顔の見える公共〟を育てる厄介さと面白さを伝えてみたい」と言われて、納得しました。公共とはそもそも、他者とともにいる厄介さを孕むものです。それに加えて青木さんは育てる厄介さも抱えています。彼をちょっと外側から見ながら、なるべく多角的に、時には多地点から伝えるのであれば、青木純という定点を飛び出す意味でも本人以外の執筆がいいかもしれないと思えたわけです。

本文では青木さんから見える風景を描き、インタビューではその風景の中にいた人たちから見える風景を描きました。すると彼のまわりで起こっている事象がより立体的に見えてきただけでなく、複数人による現場レポートのような生々しさも浮かび上がってきました。忖度なしで本当の話ができるようにという計らいで、青木さんは関係者のインタビューに立ち会っていません。想定外だったのは、青木さんとまわりの認識がもっとズレるかと思いきや、ほぼ全員、右手と左手を合わせるようにぴたりと符合したこと。まるで答え合わせのようでした。むしろ、そうして人と人とが心を合わせてきた軌跡こそが、この本の本質なのかもしれません。

生々しさにはもうひとつ理由があります。長い執筆プロセスです。ほぼ6年間、定期的に青木さんと向きあってきました。取材を開始した2018年の彼は、現在とはまったく違う温度感でした。まわりがやけどしそうなほどの高熱を発していたのは、馬場正尊さんの話にある通りです。本人も多少焦げていたと思います。時にはインタビューを逸脱し、彼の直面する課題を掘り下げていくこともありました。何が壁になっているか、それはなぜか、どんな選択肢があるのか。対話の中で深く深く潜っていきました。過去のことを聞くのではなく、今まさに動いていることをリアルタイムに言葉として紡ぐ作業だったと思います。

そしてこの6年で、青木さんは少しずつ変化していきました。

執筆依頼があった頃、まず「髪を染めるのをやめた」と白髪頭になりました。その後、徐々に、大丈夫に見せることをやめていきました。青木さん宅での取材中に妻の千春さんから「そういうところがダメなんじゃない?」と言われて黙ったり、「(宮田)サラに、ようやく人の話が聞けるようになりましたね、って言われたよ」と無邪気に喜んだり。

青木さんがしゅるしゅると等身大になるちょうどその時期、彼の関わる多くのプロジェクトも激動していました。難しかった事態が動き、協力者や賛同者が現れ、非日常だったイベントが日常のなかに溶け出していくような出来事が、次々と。

まちづくりの関係者たちが〝賑わい〟という見かけ重視の姿勢から脱却し、〝まちなかでもリビングのようにくつろげるといいね〟という体感や感性を持ち合わせるためには、ダメさや弱さを出せる余白が必要です。リビングなら、ぐったりできることも大事ですから。それを青

木さんは自ら表現していたのだと思います。そのように、ありたい未来にまちを引っ張りあげ
ながら、一方では最もボトムの当事者として助けられつつ生きるということを繰り返すうち
に、彼自身がパブリックな存在になっていった。長い長い本づくりのなかで、そんな「パブリッ
クライフ」のできるプロセスを見てきたような気がします。

この本は、想像以上に続いたコロナ禍を経て、ようやく出版に至りました。青木純さんのま
わりの皆様、長く見守っていただき本当にありがとうございました。インタビューに応じてく
ださった皆様、中には再取材させていただいた方々もいて、恐縮しつつ感謝の気持ちでいっぱ
いです。インタビューがあってこその、この本だと思っています。なお、青豆ハウスの住人イ
ンタビューに応じていただきながら、刊行時期の都合で本書には掲載させていただくことがで
きなかったかつての住人、岡田ご夫妻の温かな思いも文中に込めています。

最後に、本のデザインを引き受けていただいた小栗直人さん、パブリックライフらしいイラ
ストも立ち上げてくださって感激しました。ありがとうございます。そして、当初の予定より
大幅な増頁を許容していただき、いくつもの困難を乗り越えて最後まで伴走してくださった学
芸出版社の宮本裕美さんには、青木さんと馬場より心からの感謝を申し上げます。

青木さん、ともにこの本をつくれて嬉しかったです。しあわせにごきげんに暮らしていく土
壌をつくるために、どんな日も耕し続けてきた姿を忘れません。

馬場未織

青木 純（あおき・じゅん）
株式会社まめくらし代表取締役、株式会社nest 共同代表、株式会社都電家守舎共同代表。1975 年東京都生まれ。コミュニティが価値を生む賃貸文化のパイオニア。「青豆ハウス」（2014 年）や「高円寺アパートメント」（2017 年）では住人とともに共同住宅を運営、主宰する「大家の学校」（2016 年）で愛ある大家を育成する。生まれ育った豊島区を起点に都電荒川線沿線に飲食店「都電テーブル」（2015 年）を展開、「南池袋公園」（2016 年）や池袋東口グリーン大通りを舞台にした「IKEBUKURO LIVING LOOP」（2017 年）では地元企業と共創して官民連携事業に取り組んでいる。

馬場 未織（ばば・みおり）
NPO 法人南房総リパブリック理事長、建築ライター、neighbor（ネイバー）共同代表。1973 年東京都生まれ。日本女子大学大学院修了後、建築設計事務所勤務を経て建築ライターへ。2007 年より「平日は東京、週末は南房総で暮らす」という二拠点生活を家族で実践。2012 年に農家や建築家、教育関係者、造園家、ウェブデザイナー、市役所公務員らとNPO 法人南房総リパブリックを設立。里山学校、食の二地域交流など二拠点生活促進事業を展開する。2023 年よりケアを学びあうプラットフォームneighbor（ネイバー）を運営。関東学院大学非常勤講師。工学院大学非常勤講師。

写真撮影
平野愛：p 2（上、右、下）、6、7、11（中右、下）、222

パブリックライフ
人とまちが育つ共同住宅・飲食店・公園・ストリート

2024 年 4 月 10 日 初版第 1 刷発行

著者　青木純・馬場未織

発行所　株式会社学芸出版社
京都市下京区木津屋橋通西洞院東入
電話075-343-0811　info@gakugei-pub.jp

発行者　井口夏実

編集　宮本裕美
デザイン　小栗直人
DTP　梁川智子
印刷・製本　シナノパブリッシングプレス

ISBN978-4-7615-2890-4